街並の年齢

中世の町は美しい

乾正雄

INUI Masao

論創社

街並の年齢——中世の町は美しい

目次

街並の年齢——中世の町は美しい

第一章　街並は本屋の書棚に似ている

本屋の書棚見て歩き

このごろ本屋に行くと、本棚の混乱の度がひどくなったと感じる。

文庫本の棚はかつては茶色系一色の落ち着いた区画だったが、今はあくどい絵の描かれたカバーが目立つ。新書の棚は少しはましかもしれないが、色使いやレタリングはじわじわと派手になっている。一般書籍にはピンからキリまであるとはいえ、主流となるものたちの装丁は概して派手だ。そして、どのジャンルにも共通のことだが、およそ書籍の権威にふさわしくない特売品表示まがいの帯がかかっている。

コミックの並んでいる一角がけばけばしいことはだれでも知っているだろうが、学習参考書やコンピューター入門書のけばけばしさも馬鹿にならない。そして雑誌がひときわ目立ってけばけばしい。人はコミックや学参やコンピューター書に囲まれる通路を避けることはできても、雑誌の並ぶ店頭を通らずに書店に出入りすることはできない。いくら雑誌だって前はこれほどひどくはなかった。

現今の若者たちは学参で育ち、必要によりコンピューター入門書を眺め、あとはコミックや雑誌でくつろぐ。彼らの取り上げる本に見かけの落ちついたものなど一つもない。本のけばけばしさは、購買者のもっとも好む装丁をねらった結果の反映なのだろう。

街並、とりわけ商店街の見かけも、同様なねらいの結果を映しだす。商店街は、その性質上、昔から多かれ少なかれ混乱していたろうが、今は混乱の度は確実にひどくなった。街路の格によって、新書棚級の商店街、文庫棚級の商店街、コミックの棚並みの商店街などのちがいはあろうけれど。本屋の書棚は、逆にいえば、こんな街並の縮小カラーコピーだ。

次に、大きな書店の洋書棚をのぞいて見よう。人が少ないこともあって、雰囲気がぐんと静かである。洋書にも昔日の貫禄はなくなったとはいえ、ポルノまがいのペーパーバックなど極端にひどいものを除くと、一般に洋書棚は和書棚よりすっきりしていて、かつ重厚だ。白か、黒に近い暗色だけのモノクロームの装丁が比較的多い。強い色彩もなくはないが地色に徹しているし、レタリングのあばれは抑えられている。

洋書棚は西欧のビル街に似ている、と私は思っている。わが国は明治維新以来、数かぎりない洋書を輸入する一方、都市という都市に、西欧そっくりのビル街を建設してきた。それは、看板の日本文字を別にすれば、西欧ビル街を複製出版したというにほぼ等しい。日本の本屋の洋書棚は、国内で探すとすれば、霞が関や丸の内の立派なビル街の縮小版に近い、といっていいだろう。

それにしても、私が気になってならないのは、立派なビル街に勤めるビジネスマンたちの読む、「ビジネス」に分類されている本がにぎやかすぎることだ。文字が大きすぎる。なんのためにあんな大きな文字で表紙を埋めつくすのだろう。原色の赤が多すぎる。どうして赤をあんなに使わないと気がすまないのだろう。街区の整然としたさまと本の装丁が釣り合わない。ビジネスマンたちは、出版社の押しつけるがちゃがちゃしたデザインをやむなく受け入れているのだろうか。いや、これが彼らの好みらしい。ビジネスマンたちのあらかたは若者たちでもあるのだから不思議ではない。彼らにはほんとうは、立派なビル街よりも、通り一本はずれたところにある格下の安普請《やすぶしん》ビル街がもっとぴったり似合う。思うに、ビジネス書の棚は安普請ビル街の縮小カラーコピーにほかならない。

街並と本屋の書棚の類似点

街並と本屋の書棚がどう似ているかを、もう少し考えてみよう。

まず、建物と本はどちらもたいてい直方体だから、形が似ている。巨大ビルのような本、小さな住宅みたいな本がある。間口の広い本、狭い本がある。表紙の剛構造もあれば、柔構造もある。そして、豪華本もあれば、安普請本もある。

書籍では、外部はもっぱら見かけが問題、内部の中身が読者と相互作用するだいじな部分であるという点が、建築とそっくりだ。相互作用という表現は大げさのようだが、建築の室内だと、居住者は床に絨毯《じゅうたん》を敷き、椅子をもってきて坐り、壁にカレンダーと時計をかけ、ひざの上でパソコンを打つというように、建築の影響を受けるだけでなく、建築の表面をいろいろいじることもする。読書でも、読者は本の中身を理解する一方、重要箇所に線を引き、文字を書きこみ、ページを折り、付箋をはさむなど、本をよごす。そこを相互作用といったのである。

ここで、本の外部とは背と表裏の表紙のすべて、残りはそっくり内部に当たろう。本屋の客からすれば、書棚の本で目に入る九〇パーセントは外部である。低い棚だと、ページの重なり、すなわち内部も目に入る。外部と内部の見え方の割合は建物でも同じで、街路にいる人の眺める九〇パーセントは建物外部、あとは玄関のなかや窓の内側などがちょろちょろ見える。例外として箱入り書籍の一〇〇パーセント外部で、内部はまったく見えないというのがあるが、あれはひどく権威主義的だ。建物だと、国会議事堂や最高裁判所級の堅固な建物でないと、なかなか一〇〇パーセント外部にはならない。

もう一つ、両者とも外部に文字情報を表示している点が似ている。本では、書名、著者名、出版社名などに加えて、帯には内容の説明までついている。建物では、住所氏名、社名、屋号などに加えて、広告や掲示板により、望むならいくらでもいいたいことをファサード（建物の正面）の表面に貼りつけることができる。本でも建物でも、必要があって外部に文字を見せているのではあるが、さまざまな文字の集積は、混乱をひどくする有力な原因だ。

帯は外部の一部なのだろうか。帯は商店街の旗か幟《のぼり》に当たるが、景気づけにはなるにしても、四六時中、旗が立っているのはどうか。私は買ってくるとすぐ捨てるけれども、ときには帯に本文に書いてない情報が載っていて捨てにくいこともある。だいじな情報をもつ帯は本質的には外へ露出した内部だから、内臓をさらけ出した生物のようなもの。そういうものが一つ混ざると、わが家の本棚の調子がくるう。

一つの建物と一冊の本が似ているだけでなく、街並と書棚にも共通点がある。本屋には、スペースがなくて超過密に本がつまり、棚が反りかえっているような狭いところもあれば、たっぷりと厚い棚板の前面から十分奥まって本が眺められるような大空間もある。下町の裏通りとパリのシャンゼリゼーくらいのちがいはあろう。本のファサードはふつう背表紙だが、ときに側面、すなわち表表紙を見せている本が混ざっていると広々とする。まれに棚があまって広場のようになっているとさらに広く感じる。書棚のきれいさは街路のきれいさだろうし、売場のゆったりしたスペースは街並を鑑賞する引きがたっぷりあることに対応するといえるだろう。

書棚の至近距離に立ち、棚面よりほんのちょっと高めに目をおき、立ち並ぶ本たちの下端近くをにらみながら左から右へゆっくり目を移動させてみるとよい。小人国にきたガリバーのような気分で、本たちの足元の歩道を歩めるだろう。この実験は、本屋でやるよりは自分の部屋の書棚で試みる方が興味深い。多分、読破して満足を感じている一並びの本の前は楽しく歩めるだろう。ろくに読まなかった大全集の通りには退屈を感じるだろう。内容の粗密、軽重などは不思議に背表紙に投影される。

街並でも同様である。とくに商店や飲食店一軒一軒の提供する品物について人は敏感で、そのせいだろう、品物の質や値段、つまるところ店の程度はおおよそのところ建物のファサードに投影されることになる。よく知っている街路では、だれもその事実をうたがわない。また、そうだからこそ、人は未知の街路でもしばしば勘でいい店をさがし当てる。

　ここまでいえば、街並の集合である町全体は、本の集合である本屋に似ているとさえいってよいだろう。それは、場合によって、本好きの書斎により似ているかもしれないし、町立図書館により似ているかもしれない。大差はない。いずれにしても、家々の集まった町は、書籍の集まった場所となにがしかの共通点があるのだ。

ウィーンにて

　先日ウィーンにいて、中心地区の大きな書店をのぞいたとき、ああ今さっき歩いていた町だな、と思った。

　その思いは直観的だったのだが、中身を分析的に説明すれば以下のようになろう。古くて暖かみがある、しかも十分に広い空間内に、本物の木の大きな書棚が立っている書店のつくりが有機的で、昔ながらの石畳の車道にたっぷり歩道がついている風景を連想させる。ハードカバーの堅固な書籍は石造建築に、棚の幅広い隙間は余裕のある隣棟間隔に対応するだろう。背表紙のアルファベットが往々とても小さく、帯がなく、強い色彩の総量がかぎられていることは、看板の小さい落ち着いた街並にそっくりだ。新刊書の群れのなかに古色蒼然《こしょくそうぜん》とした本が混ざっていても違和感がないことは、長期間にわたり保存と開発のバランスのとれた町を思い起こさせる。そして、客が少ないことは、中心地以外ではいつも閑散とした町そのものだ、などなど。

ウィーンは、ヨーロッパの古都のなかでは、パリなどに比べるとむしろ新興都市というべきだが、近世の建物がよく残った町である。残ったといっては正しくない。第二次大戦では大被害を受けながら、昔通りに復興させた町である。今となってみると、大戦後、オーストリアが社会主義圏にも自由主義圏にもつかない中立国の道を選んだのがよかった。社会主義圏に属していたら、東欧諸国家のように国境を閉鎖したから、ウィーンの社会資本の拡充は大幅におくれていたろう。自由主義圏に属していたら、パリやロンドンのように人種のるつぼと化し、町は無秩序に伸び広がっていたろう。ソ連が生きていたあいだ、この国は、経済は圧倒的に西欧側に依存しながらも、古きよき時代の文化は東欧諸国なみに保存することに成功した。

町中で一番目立つのはハプスブルク帝国時代のオペラ座、ホーフブルク、美術史美術館、自然史博物館、国会議事堂、市庁舎、ブルク劇場、ウィーン大学などの豪壮な建築群である。これらはオペラ座前を起点として、リング通りを時計まわりにたどると、一つまた一つと見えてくる。権勢を誇示するための街並なのだから、今でも観光的魅力に不足はない。ただし、ハプスブルク家の居城として一三世紀以来増築を重ねてきたホーフブルクを除くと、他のすべてはフランツ・ヨーゼフ皇帝のつくらせたもので、もっとも古いオペラ座が一八六九年、もっとも新しい美術館と博物館が一八九一年の完成だから、すべて日本でいえばもう明治時代前半の作品だ。その意味で、これらの建築がまとっているゴシックやらルネッサンスやらの古めかしい意匠は、様式的に真正なものとはいい難い。ともあれ、このリング通りに匹敵するほどの書棚は、さすがに町なかの書店にはない。ホーフブルク内のまばゆいばかりの図書館の、値がつけられないほどの稀覯本《きこうぼん》の並んでいる書棚なら釣り合っているだろうが。

右のリング通りは別格だからおくとして、ウィーンのごくふつうの街並で基調をなしているのは、同じころ建てられた無名のビルたちである。とくにドイツ語圏で「創業者時代」といわれる、空前の好景気だった一八七〇年代から世紀末前後のビルの数が圧倒的に多い。やや成金趣味で、もちろん最上ではないが、かといって質がわるいともいえない程度のビルが大量に建ったのだった。一方、ウィーンは一九世紀末から建築の近代化運動が他都市に率先してすすめられた町でもあり、建築界の旗頭、オットー・ヴァーグナーの、装飾が平らな面に限定されたビルや、その仲間、アドルフ・ロースの、窓庇《まどびさし》すらないのっぺらぼうなビルなども混ざっている。

中心地区から放射状にのびるヴィーンツァイレやマリアヒルフ通りは、創業者時代のビルを中心に、もっと古い由緒あるビル、近代化運動時代のビル、戦前のちょっと貧しげなビル、そして大戦後のビルが加わって構成された、ウィーンならではの街並である。私が本屋の書棚を見て、今さっき歩いた、と頭に思い浮かべたのもそんな街路だった。

古い町と古本屋

街並と聞けば、中世の町が、日本でいえば江戸時代の町が、丸ごと保存されている姿に、一つの美しさの理想像を描く人が多いのではないだろうか。それは、ある特定の地域に、ある特定の一時期だけに咲いた花だ。純粋培養されたように一つの種類の花が咲き乱れていて、ほかのものがない。例を挙げるときりがなくなりそうなのでごく少数にとどめるが、ヴェネチア、ブルッへ、ベルン、ローテンブルク、今井、倉敷などくらいなら、まず異論は出ないであろう。

それらの町々には、まず本物が残っていなくてはならないが、とくに今の場合は、特別に歴史的価値の高いものが一点豪華に存在するよりも、平均的な本物の家並みがつづいていることがポイントだ。いいかえると、本物の残っている範囲がある程度広いことと、そこの調和を乱す新しいものどもの混入が最小限であることの二条件が満足されなくてはならない。ヨーロッパだと、右記の町と同程度のもの、次善のものがぞろぞろあるのに対して、東南アジアや韓国や日本には、めったにこの二条件に適合する町がないのが残念である。

本屋の書棚との比較にもどると、中世が丸ごと保存されているような街並に匹敵する新刊書店は、まずどこにも見つからないであろう。そんな街並は古書店、ちょっとひやかしには入りにくいような、格式の高い古書店内にある。あるときスイスのバーゼルで、エラスムスの晩年の住居を改修したという、いいかげん古そうな古書店に行き当たった。入りにくかったが、店主のおやじが挨拶のほかはよけいなことをいわないのにほっとして、なかに入る。古刊本の並んでいる棚には、私とは無縁の初版本や絶版本がいろいろあったろうが、正真正銘の中世の本はさほどあったとは思えない。それにもかかわらず、古刊本たちの書棚は、製本のくずれ、表紙のシミやよごれ、古い紙のカビくささなどと一体になって、中世の街並の雰囲気を出していた。

同様に考えると、東京は神田の古い書肆《しょし》には江戸の街並が見られそうだということになろう。うまく当たればその通りの書棚があってよいはずだが、じつは、和本の装丁や、漢字やかなの書体には、明治以後の洋本にどうにもつながりようのない断絶があり、話はそう簡単ではない。一言そこにふれておく。

まず、装丁については、巻物式の巻子本《かんすぼん》は別として、長く継ぎ合わせた紙を冊子式に折りたたんだ折本《おりほん》にしろ、用紙を片面印刷して二つ折りにし、折り目の反対側を糸でとじた袋綴《ふくろとじ》にしろ、形は長方形である。それをもし西洋式に本棚に立てると、腰が弱いし、紙の重なっているところが見えてしまう。まるで、たわんだ、内部があけすけな下町の家屋のようになるが、江戸の本屋ではそういうおき方はされなかった。背表紙がない代わりに、数冊の和本を一緒に包みこむ帙《ちつ》があったが、帙の背表紙側にも文字は書かなかった。つまり、和本の装丁は現代の書棚に不適応で、簡単にすたれてしまったのである。

一方、漢字やかなは、墨で書かれたものが和本によく似合う。墨書通りに彫られた木版はもちろん、一字一字楷書体に習って彫られた木活字版もわるくない。東洋の漢字圏では、文字に大昔以来の呪術性が残っているから、出版物には伝統にのっとった正しい文字が書かれなくてはならない。相撲の番付や将棋のこまの漢字も、あれ以外のものは考えられない。それらが近代の洋本には伝えられなかった。

西欧語のアルファベットや数字は単なる記号だから、いかようにもデザインが可能なのに対して、日本文字とくに漢字の現代活字は伝統的にも不十分、美的にも不十分という中途半端なところで固まってしまった。デザインの余地もあまりない。活字を使って江戸情緒を出すのは至難だ。結局のところ、装丁と書体が現代に伝えられなかったが故に、江戸の街並のシミュレーションを神田の古書店で発見することはむずかしい。ということは、同時に今の東京に江戸の街並が残っていない事実に対応する。

江戸—東京の街並

江戸は、すでに一五世紀には、太田道灌が江戸氏のために建てた城郭と、その周辺に何十という寺院や神社をもつほどの町であったが、それがさらに一段と発展したのは、一五九〇年、徳川家康が入国したときからである。

一七世紀はじめごろの都市景観を描いた、国立歴史民族博物館蔵の「江戸図屏風」によると、そのころの街並を目の当たりにすることができる。江戸が江戸城を中心とした壮大な城下町であることはうたがいようがなく、しかもその天守閣は全江戸中でもひときわ抜きんでて高い。江戸城を取り囲む大名屋敷の門と塀から、今はあとかたもなくなった単調な屋敷街の様子が察せられる。一方、日本橋から京橋を経て新橋に至る商店街では、開けっ広げな商家のつらなりが詳細に描いてある。こちらは、現在も同じく商店街ではあるが、もちろん当時の建物は一つとして残っていない。そして、屋敷街にしろ商店街にしろ、連続した街並はかなりせまい範囲にかぎられている。

浅草や新橋や赤坂から先は、もう現今の都市のスプロール（不規則に広がる）された状態と同じで、町でもあるし田舎でもあるという景色だ。都市と都市以外のものとを画然と分ける西洋流の定義だと、どちらに入れていいか困る。この日本的風景は、すでに一八世紀はじめ、儒学者の荻生徂徠が「何方迄ガ江戸ノ内ニテ是ヨリ田舎ト云疆《さかい》限《かぎり》無ク（町は膨張をつづけている）」（『政談』）、と言及したほどに、現象も論評も古いのだ。

もう一つ、「江戸図屏風」にかぎらず、この種の絵には、歩行者たちや、道でさまざまな仕事をする人々が大勢描きこんである。当時の日本の画家は群衆の描写に巧みだった。同じ街並を取り扱っても、フランドルの古い画家たちの細密画では、人間はあまりいないし、人間の行動のおもしろさがあまり感じられない。江戸の人口は、「江戸図屏風」の描かれた一七世紀はじめで推定一五万人あり、ヘントやブルッヘに比べると倍以上あった。東京は昔から人間のあふれる町だったのだ。

いずれにしても、幕府政治が終わり、江戸が東京と改まったのは一八六八年だから、「江戸図屏風」の江戸はたっぷり二五〇年もつづいた。幕末には、街区は下谷、築地、麻布、新宿、駒込の辺をむすぶほぼ円状の範囲にまで広がり、人口は約七〇万人に達した。そこに、私が神田の古書店で見られそうで見られないだろうといった江戸の街並があった。

首都が東京ときまると、京都にいた天皇は江戸城に居を移した。江戸中で大面積を占めていた武家屋敷がなくなり、代わって丸の内一帯は役所や外国公館が建って行政の中心地に、下町は商家と町家がますます増えて文字通り下町に、山の手は町家と桑畑、茶畑が入り混じったひなびた住宅地になった。その明治維新から一三〇年以上が経っている。今日の東京は、確かに江戸に重なり、江戸を含むものではあるけれど、同次元で比較できないまったくの別物である。

第一に、行政的なまとまりである東京都は、区部の西側の住宅地を大きく包む横長の長方形をしているが、東京都の境界は人々の生活にとっては意味がない。都の人口を示す数字は、江戸の人口はもちろん、江戸のなんの数字とも比べようがない。

第二に、江戸の町の円い形はもはや存在しない。東京の街並はほとんど切れ目なく膨大な首都圏全域につらなる。その首都圏の形は、なんといったらいいのだろう、素朴な円形からは程遠く、都心から外向きに走る道路と鉄道にそって腕を伸ばしたヒトデといいたいところだが、事実はかわいげなどこれっぱかしもない怪物だ。

第三に、これが街並を取り上げる本書では重要な論点だが、明治以後は新築、建て替えのたびに洋風建築が増える。しかもビルは年とともに大きくなる。ところかまわず建つ高層ビルは昭和の終わりまでにうんざりするくらい建ったが、平成になってもとどまることを知らないかのようだ。江戸の町がどんなにスプロールされようと、一定の様式の日本建築が増えたのだから、街並の見かけは本質的には変わらなかったこととは大へんなちがいである。

「明治は遠くなりにけり」と詠まれたのは昭和の初年で、そのころは、まだ明治をしのぶよすががあちこちにあったから句になったのである。明治は身近な感傷をもたらしたが、当時でも、江戸の本物は、一軒の町家ならまだしも、一並びの家並みとなるとすでに消失していた。長かった昭和も過去のものとなった今、東京のどこにどう江戸が残っているというのだろうか。

東京にあって江戸になかったものを闖入物《ちんにゅうぶつ》と呼ぶとしたら、高層ビルはもちろん、小さなビルだって闖入物なのだが、それらだけではない。乗物類のすべても、原始的な広告以外の広告類のすべても、あれもこれも闖入物である。それらの擾乱《じょうらん》ぶりはのちにくわしく見ることになろう。こわいのは、こんな東京に生まれ育った若者たちには、現状の東京が当たり前に見えることだ。江戸の遺産がほとんどないのだから、歴史認識のもちようがないことだ。東京っていいじゃん、で終わってしまうことだ。

街並の年齢

ウィーンはこの百年ほどのあいだ動きのなかった都市、東京はこの百年ほどのあいだに激変に遭《あ》った都市、そういう観点から見ると両者は対照的である。

ウィーンのリング通りに並ぶフランツ・ヨーゼフ皇帝時代の建築群、すなわち明治時代前半に建った建築群はすべて現存する。同じころ東京に建った建築のなかから有名なものをいくつか挙げると、築地ホテル館、第一国立銀行、銀座煉瓦街、東京帝室博物館、鹿鳴館、国会議事堂、凌雲閣、ニコライ堂、東京府庁舎などがあるが、すべて今に残っていない。名称は同じでも、現存しているのは別の建物だ。また、明治以後の都市の広がり方の程度を見ると、ウィーンが世界でももっともスプロールされなかった都市に属するのに対して、東京はおそらく世界中でもっともはげしくスプロールされた代表的な都市であろう。

こまかく見れば、ウィーンだって都市の見かけの変貌はけっして少なくはない。しかし、東京に比べると、昔のままといいたいくらいにわずかの変貌と感じられる。逆にいえば、東京の変化の程度は、ウィーンが昔のままと見えるほどにすごい。もし東京の問題が、単なる変化であって、混乱の度がひどくなる変化でないならば、とくに問題視することはないだろう。また、もし東京の問題が、東京だけにおこった現象で、国内の他の都市に共通の問題でないならば、混乱の解決策は比較的容易に見つかるだろう。だが、大都市に関するかぎり、日本中の町に類似の現象がおこっている。東京が例外で、ほかの都市は混乱の度が少ないということではまったくないのだ。われわれがわれわれ自身の文化財として特別だいじにしている町、京都や奈良ではどうか。まあ多少はちがうくらいで、大きな流れとしてはやはり同じことがおこっている。

日本の街並が今のようになった背景には、さまざまなイデオロギーがあった。古くは「和魂洋才」、西欧化推進思想、富国強兵策、先進国願望などがあり、大戦後は国土復興思想、自由平等主義、物質中心主義、「列島改造論」、生活レベルの向上願望など、そして最近目立つものに経済優先の原理がある。こうして並べてみると、なるほどこれでは街並の保存などはうまく行かなかったのも無理はないと思わせる。われわれの国にはなかなかの知恵者が集まっていて、明治維新からの国づくりに成功してきたというのが大方の一致した意見のようだが、町づくりだけは失敗した方に数えられるだろう。

とくに街並の混乱に関しては、右のうちの最後の、経済優先の原理がいけない。経済を他のすべてに優先させるということは、街並を構成する一軒一軒の主の、金に対する考えが建物の表面に現れすぎてしまうことを意味する。つまり、建物は、財力を誇示してファサードそのものに金をかけるか、宣伝効果をねらって広告塔や凝った看板に金をかけるか、さもなくばケチして金はほかのことに使うかなどできまり、都市景観的配慮ではけっしてきまらないのだ。この最後の、金はほかのことに使う人が断然多い結果、できあがった街並とは、ひとにぎりの立派な建物群のまわりに、それらの何倍もの安普請ビルがぎゅうぎゅうに建っている、その大半のビルには安普請ぶりが見えなくなるほどに安っぽい広告と看板が貼りつけられている――そんな街並である。

くりかえしになるが、日本の本屋の書棚はこの国の街並にふさわしく、それとよく似ている。本は昔も今も一国の文化を代表するもっとも大切なものであり、本の表紙はその顔だ。その、もっとも大切なものの顔が、わが国では混乱をきわめている。もっといえば、すっかり安っぽくなってしまった。

美しい古書に匹敵するだけの新刊図書はもはやつくられないかのようだ。一冊の本の古さは、その年齢（刊行時からの年数）でいうことができるから、書棚の立派さは、年かさの本が並んでいるか、若い本が並んでいるかによって、あらかたきまってしまう。

同様に考えると、一軒の建物にも年齢（竣工時からの年数）があるから、街並の議論も、かなりの程度、街並の年齢論に置き替えることが可能であろう。街並の年齢とは、その街路に並んでいるすべての建物の平均年齢をもってする、ときめればよいだろう。ウィーンのリング通りは、有名建築群だけを数えれば、すべて明治時代前半に成ったのだから、百二十歳からになる勘定だ。ただ、通りの全部の建物を数えるとなれば、わずかだが新しい建築もあることだし、おそらく百歳前後だろう。それにしても相当古い。一方、東京については、もっとも代表的な銀座通りを頭に描いたとして、これはかなり新しい。ざっと見て平均建設年は一九七〇年くらい、まず三十歳というところだろう。街並の年齢を考えることにより、ウィーンの古さをいうにしろ、東京の安っぽさをいうにしろ、両都市の差が数字で出るところが味噌だ。

街並と本屋の書棚とのアナロジーでもっとも興味深い点の一つは、どちらもその年齢を基礎にして議論ができるというところにあるのではないだろうか。

第二章　東京の姿かたち

江戸の町を眺めて

まず、よくもわるくも日本を代表する首都、東京を例として、日本の街並の特性を吟味しよう。この場合、大都市のなかのどの一つを選ぼうと大差はない。ただ、私自身が東京を一番よく知っていることと、より多数の読者が同じく東京を一番よく知っているだろうとの理由で、奇をてらうのでなければやはりこの町を取り上げるほかはない。

話の出発点として、幕末の江戸の街並が見たいところであるが、それには、おあつらえむきの写真がある。慶応三（一八六七）年ころ、外人写真家ベアトが愛宕山《あたごやま》の頂上から撮ったパノラマ写真が残されている（図1）。愛宕山は標高、高々二六メートルながら、見晴らしの名所として知られていた。

図1　愛宕山から見た江戸の武家屋敷

そのパノラマの一部を見ても、江戸のスケールの大きさが一望できる。画面の左下は、今も名前は残っている真福寺だが、他はすべて武家屋敷ばかりで埋め尽くされている。左奥

図2 「熙代 勝覧」に描かれた日本橋通り

へ向かう街路と、それとT字交差する右奥へ向かう街路があるが、どちらも大都市の街並としてはあまりに単調で、息がつまりそうだ。ヨーロッパの近世の町の空中写真だと、くつろいでタイムスリップできそうな楽しげなものがあるのに対して、この写真の江戸に降り立ったら、見張りの武士に一撃のもとに討ち殺されそうな堅苦しさだ。街並として、すきがなく整っているにもかかわらず、屋敷を囲む長屋はあまりに長くて、上空から屋根の線だけ見ても退屈する。

同じベアトの写真には、江戸城、社寺、民家などをねらったものもあるが、彼は商店街らしい商店街は写さなかったようだ。商店街を概観するには、最近発見された絵巻「熙代《きだい》勝覧《しょうらん》」（ベルリン東洋美術館蔵）の日本橋通りがよい（図2）。

これは、今川橋から日本橋までの西側街並を、通りの群衆から店内の人物まで含めて克明に描写したもの。江戸の盛期だった文化二（一八〇五）年ころの風景だろうといわれる。屋敷街とは対照的に、一軒一軒の店は街路に向かってすべてをさらけ出しているといっていいほど開放的だ。この内も外も区別のないような世界が江戸の商店街だった。図2には左から八百屋、小間物屋、結納屋、小道具屋の四軒が並ぶところを示す。街頭には青物土物の立ち売りが出ており、昼日中は人々の流通経路以外はすべて商いの場の感を呈していた。ただ、この絵については、一見リアルに見えるけれど、屋根がほとんどすべて同じ造りであること、グレイの瓦、黄ばんだ板壁、紺の暖簾《のれん》、青畳などの色がそろっていること、幟《のぼり》や旗や看板の数が少なく、色も抑制されていることなど、絵としてのきれいすぎを割り引いて見るべきだろう。

簡単ではあるが、西欧化がはじまる以前、江戸の武家屋敷と商店街は久しくこんな姿をしていた。

西洋人から見た江戸の町

「江戸を訪れる者の眼前に繰り広げられる非常に風変わりでまったく新しい絵図を構成するさまざまな要素についていえば、そのうちの四つの要素が無限に反復されるのである。すなわち寺社、屋敷つまり大名の住居、町家、耐火性の倉である」。（ヒューブナー『オーストリア外交官の

明治維新　世界周遊記〈日本篇〉』市川慎一・松本雅弘訳）

ヒューブナーは明治四（一八七一）年の東京を見てこう述べた。寺社、屋敷、町家、蔵の「四つの要素が無限に反復される」という表現がうまい。四つのうちの屋敷と町家については、図1と図2からだいたいのイメージはもてよう。蔵は、大名屋敷街にも町家街にも、いくつか混ざっている。寺社は当時のものがよく残っているから説明するまでもないだろう。

これら四要素が、「美しいというのではな」く、ただ大規模にくりかえされることにヒューブナーはほとんど絶句している。東京を評して使われる「巨大な田舎」という表現は、そのころから当てはまっていた。しかも周辺部にいたると、「低い建物と樹木と庭園と畑が入り交じりあって続いている」さまに、「始まりもなければ終わりもない」という。ヨーロッパの、石塀に囲まれた、中心に教会と市役所と広場がある小さくてコンパクトな町を知っている人なら、彼の気持ちに同感できるだろう。

ヒューブナーは、「この国においては、ヨーロッパのいかなる国よりも、芸術の享受・趣味が下層階級まで行きわたっている」とか、「この歴史の古い日本においては、人々は富裕も貧窮も知らず、みんな中流を保っている」とか述べている。西洋人でこれだけの観察力をもった人はまれである。だから、彼が「言葉の普通の意味での建築は日本に存在しないけれども、諸般の事情に順応して、用いられる材料、つまり材木の持ち味には最高度に精通しているのだ」というとき、それは正しいといわざるをえない。

次はイギリスの外交官ミットフォードの慶応二（一八六六）年の私信からである。「ひとつひとつを取りあげてみると、市内のいたるところに風景画に見られるような細道がのびていたり、小鳥のさえずりが心地よくひびいてきたりして、江戸は美しい町なのですが、すばらしく壮麗な建造物は全然見あたりません。実際、江戸市街の全景は、あるスコットランド低地の農夫に小高い丘に案内されて、眼下に何列もの家畜小屋がはてしなく並んでいるのを見せられた時の風景にそっくりです。それとおなじように、江戸の町も軒の低い小さな家屋が薄汚い市街に何列となくつらなっているのです。私はあえて薄汚いと言いましたが、住居の内部は清掃がゆきとどいていても、屋外に漂う不潔な悪臭や忌まわしい物が目につくことにかけては、中国となんら変わるところがありません」。（コータッツィ『ある英国外交官の明治維新　ミットフォードの回想』中須賀哲朗訳）

これは、武家屋敷街ではなく、商店街を指しているが、土地に起伏があって自然もある商店街というと山の手だろうか。ここには「美しい町」という表現が出てくるが、そのときミットフォードは自然を眺めているのであり、建築については「すばらしく壮麗な建造物は見あたりません」と素っ気ない。しかも、「家畜小屋」という、後年話題になった「ウサギ小屋」のはしりともいえる比喩が飛びだす。西洋人には「店は表があけっぱなしになっていて、奥の小さな部屋まで丸見え」（オールコック『大君の都　幕末日本滞在記　上』山口光朔訳）の町家はひどく貧しいものに映ったようである。「家畜小屋」の比喩はとくに悪意からではなく、ごく自然に言葉通りに感じたのだと思う。

江戸の自然

西洋からきた客人たちが評価したのは、街並ではなく、江戸―東京の自然だった。国内で後進都市であったこの町が自然に富んでいたのは、当たり前のようで必ずしも当たり前ではない。大都市は、海または大河に接し、起伏が過度でない大平野あってのものだが、本州で最大の関東平野が徳川幕府の開設まで放置されていたのは一つの不思議である。やろうとすれば江戸の開発は容易だった。で、この町は自然にわずかに手を入れながら、より大きな都市に育っていったという側面が、国内のほかのどの都市と比べても強いのである。自然は江戸では常に共存すべき仲間だった。明治政府の公園づくりの施策の結果でもあるが、今日でも、東京は樹木の多い町である。ただ、水は少なくなってしまったが。

一八五八年に来日したイギリス使節団中のオリファントが、飛鳥山へ行く途中の風景をうまく描写している。桃や梅の木でふちどられた、ひなびた沿道を歩いて、「われわれは路傍の庭園や田舎家に表われた心憎いまでに優雅な趣向を見て、驚嘆と喜びに満たされた」というように。さらに「イギリスの模範的な地域でも、江戸の郊外に美観を添えたそれらの家々に匹敵するだけの、このように典雅な田舎家で飾られることがあるだろうか」(一連の引用はコータッツィ『維新の港の英人たち』中須賀哲朗訳から）と。

「この茶屋を出てからさきは、すっかり田園地帯である。ちょうどロンドンの郊外をはなれて、デボンシャの小道に分け入った、といったところである」「土地はくまなく耕作されているようであった。……突然、われわれは樹木におおわれた小さな峡谷の降り道にさしかかった。こんもりとした森の樹陰に魅惑的な村が隠れていた。村といっても、二、三の田舎家と、かなりの規模の茶屋が一軒あるだけだった」。都心から王子に着くまでのあいだに、こんなに自然があった！　ちなみにデボンシャはロンドンの西方二百キロ、荒涼たる湿原ダートムアをもつ州である。都心からわずか八キロほどの王子が、たいへんなところと比較されたものだ。

一八九〇年代はじめに東京に住んだスレイデンは東京好きで、彼の「日本の人々」には、「日本にちょっと立ち寄って、二、三日ほど東京に逗留しただけの者には、けっしてこの都市の真価はわからない」とある。「東京はローマとおなじく、かつて私が滞在した都市のうちで、もっとも興味をそそられた町だ。その風景は季節ごとに美しく変化する。なだらかに起伏する丘はうっそうたる木立ちにおおわれ、そのいたるところに荘厳な寺院がある。どこへ行っても日本特有の土地がひろがり、清らかな小川の流れがある。東京は昔ながらの伝統的な情趣に満ちた都市だ。踏みならされた道を逍遙する時、幾日間もたったひとりの外国人に出くわすこともない」。

江戸から東京へ

一八六八年七月、都市名が江戸から東京へ、同年九月、年号が慶応から明治へと変更された。徳川慶喜が水戸に移ったあと、武士たちも、都落ちするものあり、転業するものありの状態になった。江戸は巨大な抜け殻と化したのである。江戸城が皇居として使われることにはなんら問題はなかったが、武家屋敷には適当な使い道がなかった。丸の内のものはとりあえず官署や外国館や兵営に転用され、下町のものは「士族の商法」そのままに商業目的に使われた。そして数の多かった山の手では、住宅として残された一部をのぞき、桑畑や茶畑になり変わった。山の手の荒廃がもっともひどかったといわれる。

ミットフォードは、九カ月ほど江戸を離れていたが、一八六八年夏、帰ってきてびっくりした。「江戸は死人の町となったのです。街路には雑草がはびこり、宏壮な大名屋敷は蔓草におおわれて、今にも倒れそうに荒廃しています。（中略）当地のように植物が繁茂する国で十カ月も放置すれば、どんなに壮麗な都でも野獣の吠えるさびしい荒地と化すでしょう」。（コータッツィ『ある英国外交官の明治維新　ミットフォードの回想』中須賀哲朗訳）

しかし、新政府と東京府の必要とする施設は少なくなかったから、まもなく新しい建造物がぞくぞくと立ち現れはじめた。官側でつくらなければならないものとしては、まず官公庁や議事堂や裁判所が考えられるが、当初は都市計画にかかわる、駅を含む鉄道、道路、橋、公園はもちろんのこと、各種建物である学校や工場や病院もかなりの部分は官営だった。

官営建築のうちの主要なものは工部省づきの「お雇い外国人」建築家たちの手になる正真正銘の洋風建築である。今ふりかえっても一流の人々だったから、近代の様式的建築として出来のいいものだったのだが、残念なことにまったく残っていない。代表的な一人、コンドルの東京帝室博物館（一八八二年）も鹿鳴館（一八八三年）も今はないが、彼が工部大学校造家学科の教師の時代に育てた、日本人建築家の第一世代による日本銀行本店（一八九六年）や赤坂離宮（一九〇九年）などは現存する。ただ、このような官営建築は、かりに全部残っていたとしても、東京全体の街並を特性づけるほどの分量はなかった。

こうした変革期においては、じつは民の力の方が大きかった。官営建築の目立つひとにぎりの地区を離れれば、明治時代の平均的な街並は民間建物が決定権をもったといって少しもいいすぎではない。

明治一〇（一八七七）年に完成した銀座煉瓦街はいわば半官半民の大事業だった。原設計は大蔵省おかかえのイギリス人建築家ウォートルスによる。たまたま明治五（一八七三）年の大火で焼け野原になった銀座の復興に当たり、政府はウォートルスに銀座全域にわたる都市計画こみの煉瓦造商店の設計を託した。商人たちは、この官のつくった建物を買うか、さもなければそれに準じるものを自分の手で建てた。ファサードには列柱がかぎりなく並ぶ、見栄っぱりな銀座の街

図3　銀座煉瓦街

並ができあがったのだが、当時の写真を見るとどことなくきたならしく、異物も多い（図3）。

江戸の中心地は、なんといっても日本橋であり、銀座は東海道を往来する旅人相手の飲み食いの店や茶店でもっていた。新しい日本の表玄関、新橋駅（一八七二年）が開業して銀座の入口になり、形勢は逆転したのだが、まだまだ銀座の商人たちが洋風建物をうまく使いこなせなかった様子はありありと見て取れる。そのせいだろう、やがて模様替えが増え、和風への逆もどりがおこり、早くも明治半ばには煉瓦街の面影を失った。

当時の、民による建築が、政府の性急な欧化政策について行けなかったことは想像に難くない。現清水建設の二代目、清水喜助が明治五（一八七二年）年に建てた海運橋三井組

図4　清親の描いた雪の日の海運橋三井組

（のち第一国立銀行）は民間建築の代表格だが、なんともおもしろい形姿をしている。ふつう擬洋風と呼ばれるが、洋風を真似たというだけではあるまい。明らかに意図的に和風を取りこんでいる点からいえば、和洋折衷である。さらに、この和風には、塔の部分で明らかなように、アジア大陸に通じる一種複雑な様式が加味されている。海運橋三井組の建物は東京人の評判になり、錦絵や石版画に何度も取り上げられた（図4）。しかし、洋行帰りの政府高官の求めるイメージには合わなかったようだ。

　これほど壮大な東洋西洋折衷建築はその後も現れなかったが、広義の折衷様式は一時期、東京の街並を支配した。建物ジャンルで大きな役割を果たしたのは勧工場《かんこうば》である。勧工場とは、一建物内に多数の店舗をつめこんだ、今日の名店街だが、娯楽の少なかったころのことなので、魅力は大きかった。陳列されている商品を手にとって見ることができること、下足のまま歩きまわれることなどは、東京人の知らなかった楽しみだった。明治後期には、勧工場が銀座通りに七つもそろった時期がある。建築様式は擬洋風もあったが、むしろ発展した和風が目立った。銀座煉瓦街の後退の一面でもある。

日本橋は、商店街としての歴史が長く、古い店が多かった分、近代化の動きでは一時、銀座におくれをとった。ようやく明治末年に神田須田町から京橋にいたる街路の西側建物が取りこわされ、道路が拡幅されて、新しい時代に入る。今に残る石造の日本橋（一九一一年）はそのとき架橋されたものである。地域としての日本橋と銀座は、明治時代まではそれぞれ別様に発展してきたが、大正以後、両者はほぼ同じ太さのメインストリートでつながり、それぞれの個性はあってもひとつながりの街並を形成するようになった。

そこで増加してきたのは、木造漆喰塗りだが見かけはおおむね洋風の建物や、木造に煉瓦、石または瀬戸物を張りつけた建物だった。それらは当時の帝国大学工科大学出の建築家に、「洋風に似て非なる建築」と非難された。服部時計店、果物の千疋屋、レコードの十字屋、勧工場の帝国博品館など（どれも現存しない）が槍玉に挙げられたいくつかの例である。たしかにあまり趣味のいいものとはいい難い。しかし、それらは今日から見れば、東京のメインストリートに建った、最上の「洋風に似て非なる建築」に属する。

下町や場末の商店街には、もっと貧相な亜流がたくさん建てられた。店頭の看板の周囲だけ洋風で、あたかも陸屋根が架かっているかのごとく四角いが、じつは後方に和風の屋根がかくされているという木造店舗併用住宅だった。よく「看板建築」と呼ばれる。その手の建物は、ファサードだけが洋風でそこを飾りたてるところが、フランドルやオランダなどに多い切妻《きりづま》（屋根の下の三角形の壁）面ファサードの装飾様式と似ている。そう考えると、「看板建築」も、西欧化の流れのなかでおこった日本的現象であり、一種の「洋風に似て非なる建築」だ。かくて、若干の紆余曲折はあったが、大正時代には官民挙げて街並の西欧化がすすんだ。

荷風の見た東京

東京の変貌を語った日本人として、東京に住み、東京を愛《め》でた作家の永井荷風（一八七九—一九五九）がいる。飛びきりの文明批評眼をもっていた人だから、荷風の作品中には傾聴に値する発言が鈴なりだ。

荷風の父は明治時代の模範的エリートで、官僚を経て、荷風の青年期以後は日本郵船会社の要職を歴任していた。父は息子を帝大卒の官僚にしたかったのだが、デカダンな人生観をもった文学青年は、大学といい、就職といい、まったく思うとおりにならなかった。父のはからいで、二十三歳の荷風はアメリカへ留学したが、正金銀行ニューヨーク支店での成績は上がらず、フランス行の希望がかなってリヨン支店に転勤したら、今度はやめてしまった。アメリカには約四年、フランスには一年弱住んだことになる。本節の以下の引用は、すべて帰国後すぐ発表された「帰朝者の日記」からである。

小説の形になっているが、「丸の内に國立劇場が出來るぢやありませんか」と人のいうのに答えて、「自分」は「日本人が今日新しい劇場を建てやうと云ふのは、僕の考へぢや、丁度二十年前に帝國議會を興したのも同様で、つまり國民一般が内心から政治的自由を要求した結果からではなくて、一部の爲政者が國際上外國に対する淺薄な虚榮心、無智な模倣から作つたものだ。だから政府は今もつて、言論集會の自由を妨げ學問藝術の獨立を喜ばないぢや有りませんか。つまり明治の文明全體は虚榮心の上に体裁よく建設されたもので、若し國民が個々に自覺して社會の根本思想を改革しない限りには、百の議會、百の劇場も、會堂も學校も、其れ等は要するに新形輸入の西洋小間物に過ぎない。直ぐと色のさめる贋物《いかもの》同様でせう」といっている。

荷風は欧化政策の精神に疑問を呈しているのである。「僕は日本の根本思想に慊《あきた》らないのだ。洋行した日本人は工業でも政治でも何に限らず、唯だ其の外形の方法ばかりを應用すれば、立派な文明は出來るものだと思つて居るから困る。形ばかり持つて來ても内容がなければ何にもならない。これが日本の今日の文明だ。眞《まこと》の文明の内容を見ないから、解しないから、感じないから、日本の歐洲文明の輸入は實に醜悪を極めたものになつたのだ」。

荷風は明治三六(一九〇三)年に日本を離れたのだから、前節までに述べた東京の明治の変わりっぷりを知った上で、アメリカとフランスに遊んだ。微妙なタイミングだったと思う。彼は、東京がほとんどまだ江戸のままだった維新に西洋を見た人々、とりわけ、血眼になって西欧都市のあれこれを日本に採り入れようとした政府高官たちとはちがう。永井家の放蕩息子は、アメリカでの異性とのつきあいを通じてストレートに西欧の精神を理解してしまった。それは一口でいえば、個人主義の精神であり、自由独立の精神であった。フランス行は、彼の思想形成にとっては仕上げにすぎなかった。荷風には、東京の変化の方向の滑稽さが見えたのだ。

古くは和魂漢才、近くは和魂洋才が、わが国のいわばモットーである。日本固有の精神と中国または西欧の学問技術との融和をよし、とする考え方だ。それは、六世紀にアジア大陸の文化に接しておどろかされたときも、一九世紀に西欧文化を目の当たりにしてあやうく一泡ふかされかけたときも、うまく機能したように見える。しかし、六世紀にわれわれはろくな文化をもっていなかったのに比べ、一九世紀のわれわれの文化は十分成熟していた。痛みをともなわずに和魂洋才が遂げられるはずがない。日本はものすごい無理をしたというべきである。

「現代の日本人は何と思つて居るのだらう。これで立派に世界の一等國になつたつもりで、得意になつて居るのか知ら。改良でも進歩でも建設でもない。明治は破壊だ。舊態《きゅうたい》の美を破壊して一夜造りの亂雜粗惡《らんざつそあく》を以て此れに代へた丈けの事だ」。荷風はほんとうにきびしい。

「僕は堀割《ほりわり》の景色が大好だ。東京も此れあるが爲めにやつと市街の美を保つて居る。堀割ばかりではない。要するに東京の市街が今日一國の首府らしい美麗と威嚴を保つて居るところは、宮城を初めとして皆江戸人の建設によつたものばかりだ。僕は時々、眞誠《ほんとう》の野蠻と云ふ事は明治のやうな時代を云ふのぢや無いかと思ふ。西洋でも電氣や汽車を發明した近代と云ふものは皆明治のやうなものか知ら」と話しかけられて、「自分」は次のように答える。「其ア近代と云ふ事と美麗と云ふ事とは、どうしても一致しにくい處はある。然し僕の見た處では西洋と云ふものは何處から何處まで盡《ことごと》く近代的ではない。近代的がどんな事をしても冒す事の出来ない部分が如何なるものにもチヤンと残つて居る。つまり西洋と云ふ處は非常に昔臭い國だ。歴史臭い國だ」。

江戸―東京の大災害

江戸―東京の都市形成の過程上での特徴として、指を折って数えるほど数多くの、記録的な大災害に見舞われたことを挙げなくてはならない。災害とは、火事か地震か空襲だったが、じつはどの場合も、結局は大火にいたり、その大火による被害が莫大だった。

まず、明暦三（一六五七）年一月の明暦の大火がある。本郷丸山町の本妙寺で供養《くよう》に焼いた振袖が空中に舞い上がったのが原因といわれ、俗に振袖火事と呼ばれる。そのころ、幕府開設にともない急膨張をとげていた江戸の町は、「江戸図屏風」そのままであったのが、あらかた灰塵《かいじん》に帰した。江戸城も焼け、「江戸図屏風」に描かれたほどの高い天守閣は二度と再建されなかった。これにこりて、幕府は火除地《ひよけち》と広小路《ひろこうじ》の設置、道路の拡幅、武家屋敷や寺院の郊外への移転などを行っている。

次に安政二（一八五五）年一〇月の安政の大地震がある。震源地が江戸川下流という直下型地震だったので、下町の建物の倒壊がとくにいちじるしかった。ほかの大災害の場合でも下町の被害はいつも大きいのだが、このときは下町がねらい打ちされた。安政の大地震は、黒船来航のわずか二年後、江戸が社会不安にゆれているときにきた、あとから考えれば幕府の終末を暗示するような縁起のわるい災害だった。

こうした書き方をすると、江戸時代の江戸には災害がたった二回しかなかったかのようだが、もちろんそうではない。マイナーな大火は頻繁におこり、江戸っ子は火事を「江戸の花」と自嘲したほどだ。明治五（一八七二）年の銀座の大火のあと、明治政府はさすがに「江戸の花」を醜態とし、日本橋、京橋、神田の三区において、銀座煉瓦街計画のほか、神田黒門町や神田橋本町での大火跡地の不燃化再建、東京防火令による既存家屋の防火改修などを実施した。それらの結果、明治二〇年ころ以降、下町の江戸風火事はようやくあとを絶ったかに見えた。

しかし、東京の大災害は終わらない。大正一二（一九二三）年九月一日の正午近く、途方もない大地震がきた。関東大震災である。相模湾北西部を震源地とするもので、揺れもすごかったが、強風にあおられた火災が東京中を焼きつくした。倒壊または焼失建物の数は過去最大だった。江戸が東京に変わってから五十年以上経ってはいたが、当時は建設のスピードがゆっくりだったから、下町にはまだ江戸の残り香があったという。それがとことん失われた。

関東大震災のあと、昭和通りや靖国通りなど道路網の整備、日本橋の魚市場の築地への移転などあったが、最大の変化は住宅地が西方へ広がり、新宿、渋谷、池袋などのターミナルが新しい繁華街として発展したことであろう。昭和一桁のころである。歩こうと思えば徒歩で歩き回れる程度に円い形におさまっていた江戸の終焉だった。以後は電車やバスなしでは活動できない東京に取って代わられる。

次の大災害は、関東大震災からわずか二十年後にやってきた。第二次大戦末期の米軍による、たび重なる空襲によるものだった。とりわけ被害の大きかったのは昭和二〇（一九四五）年三月一〇日の空襲で、下町を中心に全市街の四割が灰になったといわれる。空襲は四月にも五月にもあり、残存していた山の手の住宅地も大きく焼けた。これが東京災害史の真打ちとなっている。大戦後の復興に計画性は乏しかった。少ないながらも残ったビルがあり、そのなかの上等なものはアメリカ占領軍が使ったので、道路が拡張しにくかったこともあろう。闇市や露店や掘っ建て小屋がすごい活力で空地をおおったので、抜本的な都市計画の見なおしができなかったこともあろう。東京の道路はほとんど変わらなかった。しかし、街並の姿かたちは大いに変わった。

寅彦の東京

「天災は忘れたころにやってくる」は物理学者の寺田寅彦（一八七八―一九三五）の言とされている。寅彦の随筆にその通りの文句はないが、「もし自然の歴史が繰り返すとすれば二十世紀の終わりか二十一世紀の初めごろまでにもう一度関東大地震が襲来するはずである。（中略）困った事にはそのころの東京市民はもう大地震の事など忘れてしまってい（るだろう）」というところがある（寺田寅彦「銀座アルプス」）。

寅彦の街並の観察がまたおもしろい。永井荷風が政府の欧化政策にいきどおったのとちがって、寅彦は自然科学者らしく、町を現在あるがままに眺めてその成り立ちを考察するという態度をとっている。「カメラをさげて」という随筆にある「時々写真機をさげて新東京風景断片の採集に出かける」という表現など、今はやっている路上観察学のはしりを感じさせる。

「（カメラの）目をもって見て歩いた新東京の市街ほど不思議な市街はおそらく世界じゅうどこを捜してもないであろう。極端な古いものから極端な新しいものまでが、平気できわめてあたりまえな顔をして隣り合い並び立って、仲よくにぎやかに一九三一年らしい東京ジャズを奏しているのである。こういうものに長い間慣らされて来たわれわれはもはやそれらから不調和とか矛盾とかを感ずる代わりに、かえってその間に新しい一種の興趣らしいものを感じさせられるのであろう。現代人は相生《あいおい》、調和の美しさはもはや眠けを誘うだけであって、相剋《そうこく》争闘の爆音のほうが古典的和弦《かげん》などよりもはるかに快く聞かれるのであろう。そういう爆音を街頭に放散しているものの随一はカフェやバーの正面の装飾美術であろう。ちょうどいろいろな商品のレッテルを郭大して家の正面へはり付けたという感じである。考えようではなかなか美しいと思われるのもあるがしかしいずれにしても実に瞬間的《エフェメラル》な存在を表象するものばかりである。（中略）こういうものの並んでいる間に散点してまた実に昔のままの日本を代表する塩煎餅《しおせんべい》屋や袋物屋や芸者屋の立派に生存しているのも（おもしろい）」（「カメラをさげて」）。建物正面の装飾美術をフィルムに記録収集しておくのは、切手やマッチの収集より有意義だろう、という。

右は、文中にもあるように、昭和六（一九三一）年の東京について述べたものだ。「東京ジャズ」などという古くさい言葉がなければ、昨日書かれたといってもいいほどで、現代の東京を語った論としても十分通用する。しかも昭和六年に「こういうものに長い間慣らされて来たわれわれは」ごちゃごちゃした混乱が好きなのだ、といっているのだからおどろく。

私は子供のころ見た、戦中の上野広小路の街並、とくに不忍池の方から松坂屋のある交差点を望む風景をよくおぼえている。上野までは、空襲で焼けた生家から市電一本で行けたから何度か連れてきてもらったのだろう。寅彦がどこをイメージしていたかはわからないが、子供の脳裏に刻みこまれた上野広小路の映像は、確かに寅彦のいう通りだったと感じる。そして、屋号以外はすっかり変わった現代の上野広小路も、不思議と彼のいう通りなのだ。街並の構成要素がすっかり更新されても、同じ心性をもった日本人の手によったものであるかぎり、雰囲気は保存されるものらしい。

意図的な再開発は別である。不要の施設を取り除いて区画整理しなおした敷地を高層ビル街区に衣更えした場合は、よその国へきたかのような町ができる。そして、失われた雰囲気はけっしてもどらない。しかし、戦災でまっ平らになった街区を放置したような場合、住民一人一人の自助努力の仕方はさまざまだが、復興した町の雰囲気は意外に元のままだ。昔と同じ外観の家を建てる人はいない。大抵は、まえより顕著に洋風の、こざっぱりした建物になる。しかし、あいにく敷地が分割されたりして、窮屈になる。それに相変わらずの電信柱と電線、こまごまとおかれる植木鉢、看板と広告などがそろうと、結局のところ、ごちゃごちゃした混乱が昔とそっくりなのだ。

寺田寅彦の理屈は、東京の混乱を現状肯定的にとらえた点が当時としてはユニークだったろう。彼もヨーロッパに遊んだ人なのだから、東京を気むずかしく眺めてもおかしくないのだが、なぜかそうしない。「震災前の東京は、高い所から見おろすと、ただ一面に鈍い鉛のような灰色の屋根の海であった。それが、震災後はいったいにあたたかい明るい愉快な色の調子が勝って来た」(「LIBER STUDIORUM」)というのなど、いかにもこだわりがない。

さて、「カメラをさげて」の引用のつづき。「六国史《りっこくし》などを読んで、奈良朝の昔にシナ文化の洪水が当時の都人士の生活を浸したころの状態をいろいろに想像してみると、おそらく今の東京とかなり共通な現象を呈していたのではないかと思われることがしばしばある」。つづいて、日本の風景の多種多様なこと、気候のヴァライエティのあること、日本人の顔つきのあらゆる標本がそろっていることなどを述べたあと、「こういう珍しい千代紙式に多様な模様を染め付けられた国の首都としての東京市街であってみれば、おもちゃ箱やごみ箱を引っくり返したような乱雑さ、ないしはつづれの錦の美しさが至るところに見いだされてもそれは別に不思議なことでもなければ、慨嘆するにも当たらないことであるかもしれない。そしておそらく古い昔から実質的には今と同じ状態がなんべんとなく少しずつちがった形式で繰り返されながら、あらゆる異種の要素がおのずから消化され同化され、無秩序の混乱から統整の固有文化が発育して来ると、たとえだれがどんなに骨を折ってみても、日本全体を赤色にしろ白色にしろただの一色に塗りつぶそうという努力は結局無効に終わるであろうと思われる」。

都市景観論が無駄だとはいってないものの、まだ都市景観論など芽生えていない時代に、都市の色彩のコントロールのような具体的な施策はうまく行かないだろうとの予言である。じっさい、ある時期から都市の見かけに対する人々の関心は増大したにもかかわらず、昭和と平成の東京は、寅彦のいう通りにすすんできた。

日本橋と銀座

東京の繁華街の性格を決定づけた大きな要因にデパートの支配があろう。

日本橋の三越は、明治末期に呉服店から百貨店に変わり、大正三（一九一四）年に鉄骨鉄筋コンクリート造六階建てルネッサンス様式の「スエズ以東他に比なし」といわれた建物を建てた。それは震災後の改修でアールデコを随所に見せる重厚な意匠のものに変わったが、そのころがもっとも立派に見えたろう。現在の外壁デザインは、不統一が目立ち、まとまった印象をあたえない。

日本橋の白木屋も老舗の呉服店上がりで、ビル化は大正七（一九一八）年からはじまり、昭和三（一九二八）年には当時最新式の七階建てビルを建てた。白木屋の名声はそこそこだったが、大戦後、東急百貨店に売られて性格不明の改装を施されてからはぱっとせず、最近閉店した上、取り壊されてしまった。日本橋界隈のデパートでは、後発の高島屋は健在で、昭和八（一九三三）年のビルの重厚な意匠を長くもたせている。

戦前の日本橋では、この三つのデパートビルはたいへん目立った。周辺はまだ、あらかた二階建ての洋風まがいのビルにすぎなかったからである。デパートは二階建ての低いスカイラインから突出した存在だった。

同じようなことは銀座でもおこっている。三越や白木屋が明治の末から木造店舗を日本橋にもっていたのに比べると、デパートの銀座への進出は比較的おそく、松坂屋が大正一三（一九二四）年、松屋が同一四年、三越が昭和五（一九三〇）年に、それぞれ最初から近代ビルを建てた。デパートの進出のおくれとは裏腹に、当時の銀座は、日本橋に対するのみならず、日本中の繁華街に対する優位を確立していた。だからこそ有力デパートが、おくれを取るまいと銀座に乗りだしたという方が正確だろう。今でも日本中に多い、「どこそこ銀座」の名称がすでにはやりだしていた。

銀座には、日本橋のように江戸時代からつながる大店《おおだな》がなかった分だけ、煉瓦街にふさわしい洋風の品物、たとえば靴、洋服、楽器、レコード、食器、宝石、パン、ケーキなどを扱う店が入っていた。さらに、レストラン、ミルクホール、喫茶店、パーラーなどの並んだのも早かった。そこへデパートが進出した。さらに決定的なのは、銀座大通りに直交する、銀座四丁目から数寄屋橋を経て有楽町にいたる大通りが繁盛しだし、その端部、有楽町辺に、誘目性が抜群の円筒形の日本劇場（一九三三年）、東京宝塚劇場（一九三四年）、日比谷映画劇場（一九三四年）、ナマコ壁の目立つ有楽座（一九三五年）などがどっと建ったことである。

銀座は、銀座大通り一本だけの線から、銀座四丁目を中心とする面に成長した。その面内には、西洋風のさまざまな楽しみを、日本でもっともしゃれた形で提供する施設があふれた。もはや銀座は、場所は下町なのだが、江戸につながる下町ではない。新しい東京の中流層、端的にいえば山の手に住むサラリーマンがやってくる町になった。サラリーマンという和製英語も当時のはやり言葉である。銀座志向が強かった山の手に住むサラリーマンが、家族で映画を見て、デパートで買物して、食事して、銀ブラする――そういう楽しみがふつうのことになったのである。

一方で、銀座は日本的なものにも不足はなかった。銀座大通りより東側、すなわち有楽町の反対側には歌舞伎座（一九二四年）と新橋演舞場（一九二五年）があった。和食の食堂や汁粉屋もたくさんあった。そして大通りの東側は銀座名物の夜店でもにぎわった。

なるほど銀座は、日本の西欧化した繁華街の頂点には位するが、本質的に和洋折衷にほかならないという点では、銀座以外の他のすべての繁華街と同じだった。次にサイデンステッカーによる震災後の繁華街の総評を借りて補足しておく。

「（商店の）売場の形が変わるにつれて、建物の外観もまた変化した。昔ながらの木造、瓦葺きの小売店も、正面だけは模造の壁を作ってコンクリート建てに見せかけた。商標も、昔は抽象化した象徴的な模様で、みな美的にも好ましいものだったが、今では商売を声高に、露骨に誇示する看板に席を譲る。今や宣伝が大洪水で、巨大資本も小さな店も競ってこれに没頭し、それもしかも、かつての褐色と灰色の落ち着いた色調は姿を消して、宣伝文句も色調も、ますます不調和で騒々しいものに取って代わった。特に著しかったのは隅田川から西の一帯で、保守的な東側では、昔ながらの黒い瓦屋根が街路からよく見えた。けれども、震災後建て替えられてからの西岸一帯は、あたかも旧満州に日本の建てた新開地のように見えたという」。（エドワード・サイデンステッカー『立ちあがる東京〈廃墟、復興、そして喧騒の都市へ〉』安西徹雄訳）。

「洋風に似て非なる建築」や「看板建築」の健在ぶりを思い出させられる。

繁華街の成長

日本劇場は――私など「日劇」といわないと別のもののように思えてしまうが――、空襲下を無事に過ごし、案外いつまでも残っていた。昭和五六（一九八一）年にそれがついに撤去されたとき、私は自分の青春のよすがが消えてなくなったと感じた。日劇の演し物にはあまり興味はなかったが、あの外観がだいじだった。京都や大阪の旅から帰ってきたとき、東京着の直前に日劇を目にしてほっとした。故郷の海や山を見てほっとするのならわかるが、東京人はなんとつまらないものにこだわるのか、といわれればその通りにちがいない。

銀座界隈は、戦争中は別としても、昭和三〇年代半ばまでは他の繁華街を引き離していた。同じ映画でも、輸入し立ての洋画の話題作を見るには銀座に行くしかなかった。歌舞伎も新派も、よそには銀座周辺の舞台以上のものはなかった。当時は、店頭の商品にも他地域との格差があり、なににによらず輸入品でこれはというほどのものは銀座にしかなかった。銀座は文句なしの都心で、その入口を示すランドマークが日劇だったのである。

高度経済成長期における住宅地のさらなる広がりは、網の目のように発達した鉄道道路網と同時に、量的にも質的にも充実した副都心を実現した。私鉄の商売の仕方は、まず予定の沿線敷地を買い占める、鉄道を敷く、地価が上がった宅地を売る、主要駅前に商店街をつくる、地価がさらに上がった土地にアパートを建てて売る、沿線人口が十分に増えたところでターミナルの副都心にデパートを建てる、などのようなものだった。この効果的な商法によって拡大した需要に応えたのはもちろん銀座ではない。新宿、渋谷、池袋の三つが、この順序に副都心として浮上した。これらのなかで、新宿が戦前から歓楽街として一家をなしていたのに対して、池袋は戦後しばらくまでただの乗換駅だったくらいのちがいはあったが、三つともども、まずは不足のない副都心に昇格した。昭和四〇年ごろのことである。さらに時代の経過につれ、吉祥寺や二子玉川が準副都心化し、下北沢や自由が丘も大ビルはないが、いっぱしの繁華街と化すというようなことがおこっている。

副都心や準副都心に立派なビルが建ち並ぶようになって、東京の見かけはすっかり変わった。しかし、都市の見かけを変えたという点では、首都高速道路の右に出るものはないだろう。高速道路でもっともふつうだったのは、既存道路の上に二階建てのように通す形式のものだった。いや、二階建てといっては適当でない、高さは優に四、五階建てビルに匹敵する。川の真上を通すことも、川土手の上を通すことも、堀を埋めて通すこともあった。理屈の上では、高速道路がかえって都市景観をすっきりさせることは可能だったが、東京の場合は、なけなしの公共空間を占拠する建設に他ならなかったから、見てくれはわるいことずくめだった。

銀座にあった堀は、数寄屋橋（昭和三年）もろとも跡形もなくなり、高速道路と化した。水のない銀座のはじまりである。かつての数寄屋橋をまたぐ高速道路橋には「新数寄屋橋」という名前がつけられた。

日本橋では、あの名橋の真上に、橋と直交するように首都高速道路がおおいかぶさった（図5a）。いうまでもなく、日本橋は鑑賞に値する文化財だが、今や日本橋の全景の見えるアングル（同図b）はない。高速道路の柱が邪魔な上、橋の中央両側の照明灯の上部が、二本に分かれた高速道路のあいだにはさまってしまった。まん真ん中の東京市道路元標は橋づめに追いのけられる始末だ。念の入ったことに、高速道路の側面に「日本橋」という銘《めい》がついている。なにも知ら

日本橋

図5a　高速道路架橋後

図5b　昭和38年ごろ

ない人が見たら、名高い日本橋とはこんな味もそっけもないものだったかと勘ちがいしてもおかしくない。

撤去された数寄屋橋と、一見撤去されたよりもひどい形で残された日本橋では、いったいどちらがよかったか。私はまだしも歴史が目に見える日本橋の解決の方を取りたい。日本橋では、横暴な開発を目の当たりにすることができる。その風景は一見に値する。

もう一つ、都市の見かけを変えたものに高層ビルがある。日本の建物の高さ制限は長く三一メートルであったのが、昭和三八（一九六三）年の建築基準法の改正でそれが取り払われた。そして昭和四三（一九六八）年、本邦初の超高層ビル、高さ一四七メートルの霞ヶ関ビルが竣工した。はじめは、背丈のそろったビル群のなかで独り突出していたから、超高層と呼ばれるにふさわしかったが、今では高層といえば十分だろう。二つ目は、一五二メートルの浜松町の世界貿易センタービル（一九六九年）、三つ目は一七〇メートルの新宿の京王プラザホテル（一九七一年）、以下、新宿西口のいくつかのものがつづいた。

ただ、今日にいたっても、高層ビルは銀座、日本橋、上野、新宿、渋谷などの既成市街地にはあまり建っていない。敷地に余裕がないと法律的に認められなかったからだが、一方で規制緩和はとめどなくつづいており、事態は動いている。

高層ビルは街並にうまく混ざりにくい。独立性の強い敷地に建つ高層ホテルやビジネス街に建つ高層オフィスは比較的抵抗が少ないが、繁華街のなかの高層ビルというのは落ち着かないものだ。一方、新宿西口に集中的に存在する高層ビルたちのつくり出す都市景観は、迫力はあるが、親しみやすさがまるでない。現在は有楽町から移転した東京都庁舎（一九九一年）も加わって、あそこも街区として完成したかのようだが、ビルのわきに立っても、ビルからビルへ移動してみても、空漠とした場所に一人放り出された気分をぬぐえない。

山の手の住宅

山の手の住宅については、ここまでふれなかったので、簡単にまとめておく。

東京の発展とは山の手の発展だったから、東京の街並を拡大したのは、山の手の人口増に寄与したサラリーマン住宅群の増加だった。典型的な戦前の住宅といえば、相対的に立派な玄関に、勝手口が別にあり、全体が木塀で囲まれているというものだった。応接間として一つだけ洋室があるが、あとはすべて純和風の平屋か二階建てであることは塀の外からわかった。そして、小市民的な庭がついていた。

このようなスタイルの住宅は、大名屋敷を極端に小さくしたものと見れば昔につながる。しかし、大名屋敷が変貌したわけではなく、江戸時代から下級武士の家として少なからぬ数、存在していた。個々の区画は小さいが、塀のつづく住宅街は、街並の伝統から見れば、まちがいなくかつての武家住宅街の流れをひいている。

大名屋敷では、六畳、八畳、十畳というような単位となる部屋が直接、または廊下を媒介として間接に、数多くつながって、オープンな間取りを構成していた。そして、後楽園や有栖川《ありすがわ》公園に見るような回遊式庭園がついていた。下級武士の家は大名屋敷のミニチュアに他ならない。その系譜は、すでに江戸時代のうちに隠居人や医者や学者らの住宅に、さらに明治以後は山の手のサラリーマン住宅に受け継がれたのである。ただし、住宅に洋室がつけ加わったのは大正以後のファッションと考えられる。

同程度の住宅でも、郊外に建つと様子が変わる。「(大正末から)郊外、なかんずく西や南の郊外では、一面に『文化住宅』が建ち並んだ。サラリーマンの『狭いながらも楽しいわが家』を、婉曲にこう呼んだのである。(中略)『文化住宅』はまた、赤や青の屋根が多かった。古い日本家屋の、あの落ちついた自然色に取って代わって、いかにもプラスティックじみた外観がこの頃すでに始まっていたわけである」。(サイデンステッカー『立ちあがる東京〈廃墟、復興、そして喧騒の都市へ〉』安西徹雄訳)

郊外住宅地にもピンからキリまであるが、右で述べられているのは圧倒的に数の多いキリの方だ。一つだいじなことをつけ加えれば、当時の新興住宅地では、木塀が生け垣へと変わっている。

今日、広い東京に間断なく建設される一戸建て住宅も、おおざっぱに見ればこんなものだ。間取りはすっかり洋風化し、建材もすっかり工業製品に依存するようになった割に、外観はかつてとあまり変わらない。一つには、工業製品の建材は自然材料を模倣するが完全には模倣しきれないから、できあがったものに、本格的洋風からほど遠い安っぽさが残るからだ。ちがったところもある。今日の住宅地は一戸当たりの敷地がせまいから、床面積を減らすわけにはゆかない建物は、敷地にぎゅうぎゅうに建つ。道路から見通せる生け垣ごしの庭は、よくいわれる通り「猫の額ほどの庭」になってしまった。

住宅を語るとき忘れてならないものに共同住宅がある。昭和二（一九二七）年竣工の同潤会代官山アパートなど、同潤会のいくつかのアパートはその最初期の例である。同潤会とは政府がはじめてつくった住宅供給組織であり、それが戦後の日本住宅公団（現在の都市基盤整備公団）の元になった。

アパート住まいは、昭和三〇年代前半には、まだけっしてポピュラーではなかった。しかし、高度成長期になると東京の人口増加はいちじるしく、官民挙げてアパートを供給したので、かつて例のなかった共同住宅団地が東京の郊外を埋めつくした。

爛熟したビル

日劇と朝日新聞本社の跡地に有楽町マリオンが落成したのは昭和五九（一九八四）年である。日劇のもっていたシンボル性のうちの、円筒形と垂直線を受け継いだデザインだった。銀座のデパートは、戦前からのものが三店、戦後に参入したものが三店あったところへ、その年プランタンと、マリオンに入った二店とがさらに新規参入した。映画館はマリオン内だけでも五館あったが、その後、「おしゃれな」日比谷シャンテ（一九八七年）も加わった。都庁が新宿に去った跡地は、巨大な船のような曲線が目印になる東京国際フォーラム（一九九六年）が占拠した。

戦後のビルには、昭和五〇年ころを境にして、素人目にもはっきりわかるちがいがある。そのちがいを簡単に説明するとこうなろう。

そのころ以前、すなわち戦後復興期から高度成長期にかけてのオフィスでは、ガラス箱型ビルがはやった。「箱株式会社」と悪口をいわれるほどに真四角で、ファサードは、総ガラスか、ガラスのはまった部材で構成されるのがふつうだった。その特徴をキーワードでいえば、単純、無装飾、機能主義、低い階高、低価格、打ち放しコンクリート、もう少しこまかく見れば、垂直線と水平線と直角による構成、色彩がないこと、光沢面が多いこと、などが挙げられよう。デザインの巧拙はさまざまだが、時代が変わった今ふりかえると、健気な真面目さが感じられる現代ビルだった。ある程度金をかけたものは現在もれっきとしている。しかし、多くは金がなくて建設を急いだものなので、少し残念な姿をさらしている。

そのころ以後の、経済が爛熟《らんじゅく》してついに破綻した時代は、工業も、うれきった様相を呈した。建築は床が平らでさえあれば、壁や天井や外観はどうにでもできる、という冗談がほんとうになった。デザイン思潮的にはポストモダニズムの時代に入る。クラシックビルでもない、ガラス箱型ビルでもない、たとえば次のようなものが出現した。曲線や曲面を大胆に使ったビル、最先端の機械を連想させるビル、半ばこわれかかったように歪ませたビル、コンピューター画面で偶然発見したような構成のファサード、かつては建築に使わなかったような強い色彩を組み合わせたファサード、古い石造建築から盗んできたような柱、ポピュラーアートに対応するような軽い造形、わざと悪趣味に見せる奇怪な造形、などなど。もちろん昭和五〇年ころ以後すべてがそうなったわけではないし、それらを総称する名称もないのだが、ここでは「ネオ現代ビル」といっておく。

現代ビルとネオ現代ビルの数と質で街並を見立てるのは有効だ。例を挙げるのが早いだろうが、今日の日本橋大通りは、大部分、やや疲れた現代ビルで構成されている。それに対して、若者たちの闊歩《かっぽ》する渋谷の公園通りは、最新ではないがネオ現代ビル七分、現代ビル三分くらいの割合で構成されている。両者の印象は歴然とちがう。この点は章を改めてくわしく見ることになろう。

さて、銀座の話だが、銀座は昭和三〇年代半ばまで他を引き離して繁栄していたことはすでに述べたが、その後は大人の町として落ち着いていた。再開発による、有楽町マリオン、日比谷シャンテ、東京国際フォーラムなどの相次ぐ出現は、銀座を再び若者を呼び寄せる魅力のある町につくり替えた。

少し前、銀座が停滞していたころ、大きくのびたのは渋谷である。単に渋谷といっては不適当だろう。今日の繁華街は広域的に広がっているので、原宿、青山、さらには代官山も渋谷圏に入る。この圏内には、ファッション性のあるネオ現代ビルが、おそらく東京中で一番多い。いささか軽薄ではあるが、最先端を行く、女性好みのモードやグルメの町としては屈指であろう。しかし、今の銀座も広域的に考えるべきであり、有楽町駅周辺を含めた銀座の実力は再び脚光を浴びている。京橋から新橋にいたる銀座大通りはビルがつまっていて再開発どころではなかったが、日劇と日比谷映画と都庁が長く放っておかれたことがかえって幸いしたようだ。

ちなみに、長い戦後のあいだに、さしもたくさんあった「洋風に似て非なる建築」も「看板建築」も主要繁華街の中心部からはなくなった。ただ中心から一歩離れるとまだまだある。古いものがそんなにもつはずはないから、きっと最近まで建てつづけられていたのであろう。

第三章　ウィーンの姿かたち

ローマの辺境防壁だったウィーン

日本の街並と対照的なものとして、ヨーロッパの街並を概観したい。

考え方によっては、たとえば中近東に見られる壁の分厚い家々によって形成される街並は、日本から見てヨーロッパのそれよりもっと対極にあるものだろう。世界にはさらにわれわれから見て縁遠い街並があるかも知れない。現在のヨーロッパの大都市の現代的街区など、日本のそれと大してちがわないと思われる向きもあろう。

しかし、それだからこそヨーロッパの街並を問題にしたいのである。ヨーロッパの中世の街並は日本のそれとは十分にちがう。ヨーロッパ中世の街並の、一九世紀以後、近代化、工業化されて変貌したものが、ストレートに明治維新後の日本に輸入された。そして、当初は無限にあったといってよいほどの欧日の格差は二〇世紀のあいだにどんどんつまり、今日の日本の工業はヨーロッパと――そしてアメリカともだが――肩を並べる水準にある。当然、現代建築に関するかぎり、ヨーロッパと日本の差はなくなっている。見かけ上のちがいもほとんどない。まったくちがっていたものがほとんどちがわないものになった。この事実は問題とするに足ると私は思う。

ヨーロッパの町を歴史的にたどるのに、あちこちつまみ食いするよりは、一つの都市を選ぶ方がわかりやすい。とすると、本書の文脈では、はじめから引き合いに出している都合で、ウィーンを取り上げるのがよいだろう。ウィーンは、往年の「古きよき時代」がまだ生きているかのような町である。そこでは、半日カフェにただ座っていてもだれにも見とがめられない。とはいっても、世界中の町がせちがらくなっている今日、なにごともおこらないという保証はないけれど。

ウィーンは、一世紀に建設されたローマの辺境防壁からはじまるというほどに古い。今日の市中心部、インネレ・シュタット（内側の町）を歩きまわってみると、聖シュテファン大聖堂の北西部の一角が四辺形の高台になっていることがわかる。高々五百メートル四方しかない土地だが、かつては川や濠に囲まれた地の利のよいところだったらしい。現在はもう水はないが、水の代わりに高台を見上げるような低い街路がある。ローマの辺境基地は、その大して広くはない高台にあって、名前をヴィンドボーナといった。

そこがどんな町だったかは、想像をたくましゅうするほかはない。ただ、現物は皆無ではなく、地下に埋没している。ローマの遺跡はインネレ・シュタット内の数カ所で公開されているが、とくにホーエルマルクトに面する建物地下の発掘現場は、二軒の大きな家の土台まわりをはっきり示す。素材としては、石が練り物で固められた一種のコンクリート、現代のものより見かけが荒々しい煉瓦、主に建物内部に使われたが一部外面にも露出していた木材などが並んでいる。街並はそれらの混淆《こんこう》から成っていただろう。色彩はといえば、建築材料の色がすべてだったと想像される。町は色彩的には多分索漠としたものだった。

しかし、五百メートル四方の基地の周囲には、兵士の家族や、商人などの家があったことがわかっている。民間人の衣装や持ち物はカラフルだったはずである。それらも合わせて考えると、この辺境基地は、単なる兵舎の集まりではない、豊かな生活のある町だった。この地にワイン畑をもたらしたのがローマ人だったという一事をもってしても、ヴィンドボーナの生活のあり様がしのばれる。それは、今のウィーンと同様、森とワイン畑に囲まれ、ドナウ川の分流に洗われる町だった。いずれにしても二千年前の話である。

ゲルマン民族の侵入によってヴィンドボーナは五世紀に滅びた。滅びたのはヴィンドボーナだけではない。アルプスより北側や西ヨーロッパに建設されたローマの町々は、すべてもとのままの形で中世を生き延びることはできなかった。ゲルマン民族に次いでは、北方からやってきたノルマン人によるヴァイキングがある。さらに、東方からは今日のハンガリー人の祖先であるマジャール人が侵入した。南方からはイスラム人の侵略もあった。それらの結果、ほとんど廃墟になった町があるかと思えば、外敵がゆるやかに占領して人種混合がおこった町や、外敵が強奪して人種がすっかり入れ替わった町もあった。

ウィーンの場合は、町としては細々と存続していたようであるが、歴史的にはほとんどなにもわからない時期が長くつづいた。これほどの歴史の欠落は日本史にはないが、戦乱に明け暮れたこの時期のヨーロッパではめずらしくない。やっと一一世紀になってはじめて現在の名称をもったドイツ語圏の都市として登場する。ということは、ウィーンは、ゲルマン人が占領して居座り、その後のマジャール人などの侵攻には耐えぬいた、くらいまではほぼ確かであろう。

一二世紀には、バーベンベルク朝の統治下でかつてないほど繁栄し、短いあいだに、昔のローマの町の大きさに復し、それをこえ、それの五倍に達する地域を囲む新しい城壁をもつほどの町になった。今日のウィーンの中心、シュテファン大聖堂の建設はそのころはじまったし、新造の城壁の方は長く一九世紀まで存続したのだから、明らかに今日に連なるウィーンの成立である。

中世のウィーン

一三世紀にバーベンベルク家の血統が途絶えたあとは、多少の紆余曲折を経たが、ハプスブルク家のルドルフがウィーンの支配権をにぎり、町をさらに大きく発展させた。ハプスブルク家の治世は二〇世紀のはじめまでつづいたので、同家がウィーンをめぐるさまざまな歴史的事件にかかわったことはいうまでもないが、一方で同家からは巷の話題に事欠かない人物が続出したこともあって、今やだれでも、ウィーンの王家といえばハプスブルク家を第一に思い浮かべるようになった。

しかしながら、長い中世を通じて、ウィーンが依然として辺境の町でありつづけたことは興味深い。西洋史で名高い十字軍遠征では、一度ならずドナウ川を下っての聖地イェルサレム行きが敢行されたが、その際のヨーロッパ最後の通過都市がウィーンだった。逆に、二度までもトルコ軍に包囲されたという希有《けう》な出来事に出会ったのも、ヨーロッパの東端のウィーンならではだった。

当時のヨーロッパの都市はまだ小さく、農村地帯のところどころに農産物の取引センターのごとくに散らばっていた。都市が小さいということは戦略上だいじな点で、なにしろ戦乱はやっと治まったが、またいつなにがおこるかわからない。大都市だったら、町を丸ごと壁で囲むことなど実現不可能だった。ウィーンの城壁が昔のローマの町の五倍の地域を囲むほどになったといっても、まだ知れていた。

ちなみに、ローマ人は、ローマ帝国外に住む、わからない言語を話す民族を「蛮人」と呼んだが、その蛮人を代表するのがかつてはゲルマン人だった。しかし、ゲルマン人が都市をかまえれば、ゲルマン人にとっての蛮人とは、その後ヨーロッパに侵入してきた別の民族となろう。蛮人を信用していなかったヨーロッパの中世人たちのあいだでは、ひとたび争いがおこると、徹底的な殺戮はもちろんのこと、しばしば徹底的な都市破壊がもたらされた。その裏には、自分たちの都市の存在に対する強い固執が見て取れる。彼らは、一度つくった町は、こわれても、あるいはこわされても、旧に復しようと努める。中世の小さな都市が、往々、城壁を含み城壁内そっくり今に残っているのは、そうした中世の人たちの心性なくしては考えられない。ただし、以下に見るように、じつはウィーンは、ハプスブルク家の主導によって、中世の意匠を捨て、近代化を成し遂げた例外に属する。

ところで、第一回のトルコ軍によるウィーン包囲は一五二九年におこった。優勢なトルコ軍に

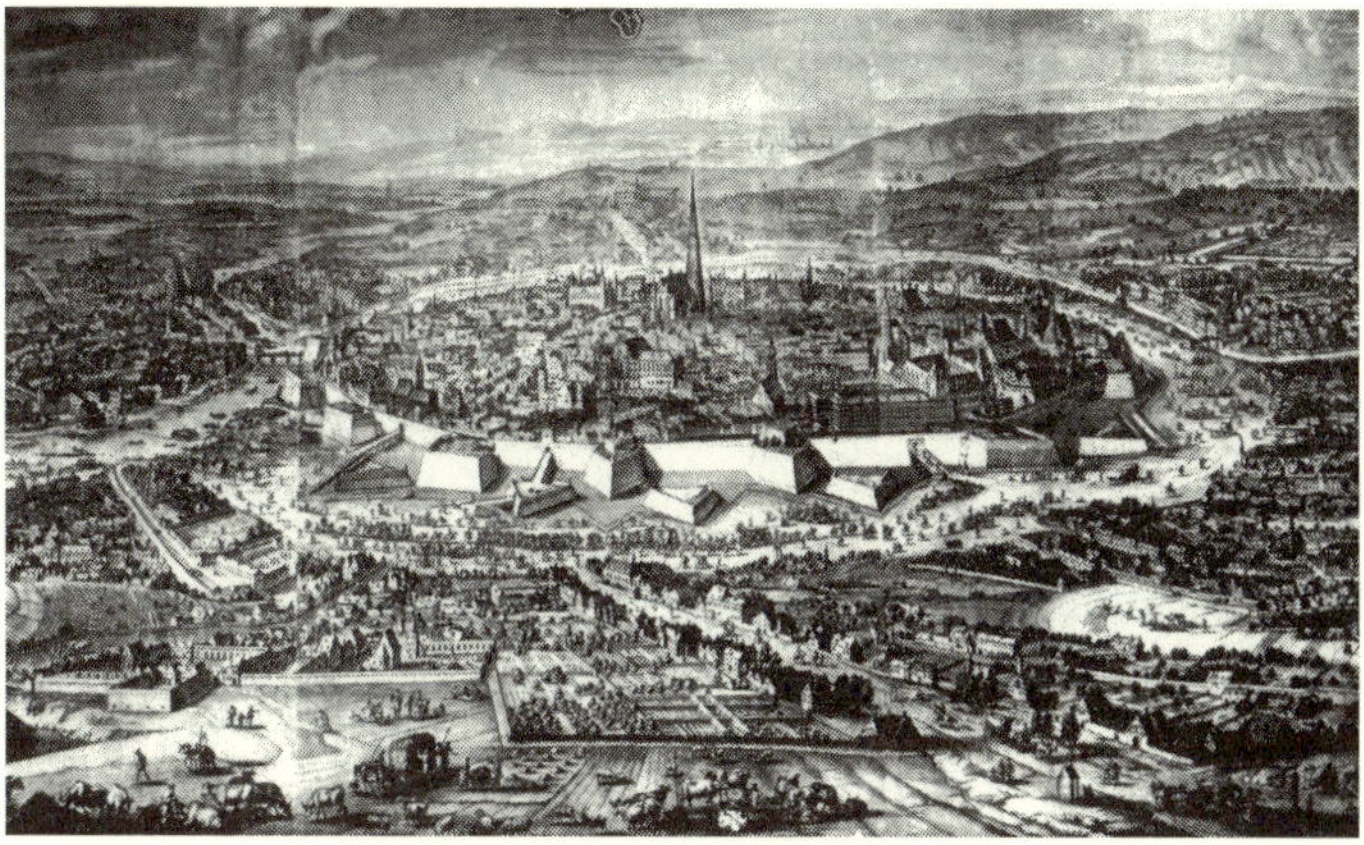

図6　城壁に囲まれた中世のウィーン

対してウィーンが無事だったのは、頑丈な城壁と冬の寒さによるところが大きかったという。しかし、トルコの脅威は依然として去らなかったので、城壁についてはその後、徹底的な強化工事がすすめられた。城壁中に、バスタイと呼ばれる壁から外側に突出した堡類《ほるい》が十二箇所つくられたほか、壁そのものは全域にわたり屋上テラスを衛兵が三列に並んで歩きまわれるほどに分厚くされた。さらに大事な点は、城壁の外側に射撃に有利なように約三五〇メートルほどのドーナツ状空地が確保されたことである。空地の外側には再び居住地があるのだから、その風景は都市としてはなんとも奇妙なものだった（図6）。しかし、その空地は、ずっとのちの一九世紀の都市計画に思いもよらず役立つことになる。

その前に第二回のウィーン包囲が一六八三年、予想どおりやってきた。トルコ軍は前回に優る大軍だったが、今度は強化された城壁とヨーロッパの援軍のはたらきがものをいった。ウィーンはまたも無事だったのである。

しかしながら、その無事だったはずの中世のウィーンは今やないに等しい。二、三の教会や、ある特定の何軒かの家は残っていても、街並は皆無だ。数少ない残った建築も、権力者の好みに迎合してだろうが、装飾しなおされている。ロマネスクがゴシック化されたり、ゴシックがバロック化されるのは常のことだった。

だから中世のウィーンを見たかったら、当時の都市鳥瞰図《ちょうかんず》や、都市を描いた絵画によるほかはない。街並に関するかぎり、現存するゆがめられた遺物からよりも、絵からの方がイメージがわく。絵には、制作時現在よりあとの建築様式が描かれることはないから、後世の描き加えがないかぎり、そこには美化はあってもまるまるのうそはない。

中世のウィーンを描いた絵としては、ショッテン修道院に残っている一四七〇年ごろのものといわれる祭壇画がよく引き合いに出される。その一つ、「聖母の訪問」（図7）の場面は、市内の一本のメインストリートに設定されている。右上奥はジクザグ模様の屋根をもつシュテファン大聖堂だ。左側の塔は一八世紀はじめに撤去されたペーター教会の塔と見られる。そうすると二つの教会との位置関係から、この通りは今日のシュピーゲルガッセに当たる、という説明がついていた。通りの両側には、現代のウィーンからは想像できないほどたくさんのゴシックの建物たちが並ぶ。赤茶の瓦が張られた屋根、その屋根から突き出た小さな破風、ほのかに暖色の漆喰壁、ゴシックらしい装飾豊かな出窓、中庭に通じるアーチ状の入口門、柱をかたどった石積みなど。

図7　中世ウィーンの風景

最後の石積みがブルーに描かれているのはめずらしいが、そういう実例があったのだろう。入口門や窓のディテイルはまだロマネスクといっていいくらい素朴である。突き当たりには街路をまたぐ渡り廊下があるが、それは古い木造らしく、屋根には朽ちて穴が開いたところも描いてある。

この絵に描かれたような風景はもちろん現存しない。ユダヤ人広場に残る一軒の商店兼用住宅は、躯体《くたい》が一五世紀のもので、中世の建築として例外的によく保存されているといわれる。しかし、それが広場のなかで唯一さわやかに目立つのは、周囲の建物群が装飾過多のバロックばかりだからだ。道幅の狭いナーグラーガッセの中ほど片側には、数軒つづいて中世的雰囲気をもった家並みが残っている。そこにちょうど路上レストランがあるので、ゆっくり椅子に坐るとなるほどと気がつく。足早に通りすぎたのでは、とても中世のものとわからないほどバロック化の手が入っているのだ。

バロックのウィーン

都市や建築の立派さによって国威を誇示するのは、大昔から世界中で行われてきたことだが、ハプスブルク家はウィーンをその道具にした。トルコの脅威が去り、町の政治的経済的基盤が固まった一八世紀に入ると、ハプスブルク家の目標は、パリに追いつき追いこせとなる。すでにパリは、だいぶ以前から、だれもがあこがれるヨーロッパ第一の洗練された文化を誇る都市だったから、辺境の後進都市の目標としては、身分不相応なくらいのものだったが、見方によってはウィーンにそれだけの実力がついてきたということもできる。

美術様式は正にバロックの時代に入っており、パリのバロック化はほとんどできあがっていた。パリにかぎらず、フランスやイタリアやイギリスのバロックは、どちらかといえば抑制の効いた、装飾過多の寸前でとどまったようなものが多いが、ウィーンをはじめとする東ヨーロッパのバロックはちがう。これでもか、これでもかと、装飾を加えていく。室内の場合は天井も壁も、彫刻とカラフルな絵画で埋め尽くされるし、それも切ったら血が吹き出してきそうな生々しい人体像や人体画が多いので、ほんとうに圧倒される。肉食人種が本性のおもむくままにデザインしたらこうもなろうか。日本人の感覚ではちょっとついて行けない。

さいわいバロックでは外壁は彩色しないので、バロック化された町の印象は室内ほど強烈ではない。しかし、カール教会やベルヴェデーレ宮殿やシェーンブルン宮殿などになると外壁も相当なものだ。シェーンブルン宮殿は城壁の外にあり、トルコ軍によって破壊されたままになっていた場所に新築したのであるが、当初はそれこそヴェルサイユ宮殿以上のものを意図したと聞く。ただ、教会や宮殿は特殊だし数も少ないし、街並を構成する基本的建物とはいえない。

同時に建設された大量の貴族や市民のバロック住宅どもが、街並の見かけをリードしたのである。代表的な一例として、フィッシャー・フォン・エアラッハ（父）設計のトラウトソン邸（現司法省）の写真を挙げておく（図8）。まず申し分のないぜいたくな出来のバロック風ファサー

図8　トラウトソン邸

ドである。試みに、ファサードを飾る人像を数えてみると、壁面に一八、ほかに顔だけのものが六、破風《はふ》（山型の部分）に一四、軒より上へ突き出たものが一九といったところ。ファサードだけで五七人からになる。じっさいウィーンのバロックには人像が多く、「もしウィーンから人像を撤去したら、ウィーンの人口は半分になる」という冗談があるほどだ。

一方、街並の見かけをそろえるために、過去のゴシックやルネッサンス建築の外装のバロック化もすすめられた。それによって中世建築は大幅に失われた。インネレ・シュタットには、躯体のすべてではないとしても、一部は中世という建築がいくらかはあるが、素人目にはそれがほとんどわからない程度にバロック化されてしまった。

ウィーンのバロック化は、ウィーンの運を賭ける大事業だった。バロックはもちろんウィーン人の発明ではないが、ウィーンに特別ぴったりだったようである。一九世紀のはじめにはウィーンのバロック化もほぼ完成していた。そのころ、パリからウィーンへやってきた作家ネルヴァルは、一八三九年暮れのウィーンを次のように描写している。

「およそありふれた町というのが、ウィーンの第一印象だ。同じような家が並ぶ城壁外の界隈を延々と抜けていく。すると環状遊歩道の内部、堀と城壁の囲いの向こうに、ようやく町が見えるのだが、せいぜいパリの一区画程度の広さしかない。パレ＝ロワイヤル地区を切り離して、ちゃんとした壁と、幅四分の一里ほどの大通りを付けたところを想像すれば、ウィーンの様子、その豊かさ、活気を完全に理解することができるだろう。（中略）

霧深い秋の日の午後三時ころだった。二つの地区を分ける広い遊歩道は、優雅な紳士やまばゆい淑女たちでいっぱいで、彼らを待つ馬車が車道沿いに並んでいた。その向こうでは、雑多な色合いの群衆が薄暗い城門の下にひしめいている。城壁を越えると、そこはもう都の中心部だった。この美しい御影石《みかげいし》の舗道の上を馬車で行かぬ者、貧しき者、夢想家、無用の通行人は不幸なるかな。ここには富める者とその召使、銀行家と商人のための場所しかない。中心部はとてつもなく豪奢《ごうしゃ》で、それを取り巻く界隈は貧しい。これがウィーンの最初の印象だ。

そしてまた、夜、こうこうと明かりが輝き熱気に溢れた中心部を後にして、城壁の外に戻るために、街灯が交互に並んで果てしなく続く長い遊歩道を、ふたたび渡っていかなければならないことほど侘しいこともない。ポプラの並木が絶えず風に吹かれて震えている。暗い水をたたえた小川か用水かをひっきりなしに越えていかなければならない。町の真ん中にいるのだと知らせてくれるのは、四方から響いてくる時計の鐘の陰鬱な音だけだ」。（ネルヴァル「東方紀行」野崎歓・橋本綱訳）

バロックの話はでてこないが、冒頭の「およそありふれた町」という一言で、パリとウィーンがさほどちがわないことをあっさり表現している。ただし、城壁の存在、城壁外の空地のにぎやかな遊歩道、城壁内外の貧富の差などは、彼にはものめずらしかったらしい。

リング通り

近代になると東ヨーロッパでも国の概念が確立し、都市が城壁を盾にして自らを守るという考え方は無意味になった。のみならず、市壁の存在は、都市の発展にとって、交通網の整備一つを考えても、邪魔なことは明らかだった。ウィーンにも都市改造を、という声は高まる。そうした世論を背景として、ハプスブルク家の当主フランツ・ヨーゼフは一八五七年、市壁の撤去、ならびに市の整備と「美化」を発表した。美化という言葉が使われたことは注目に値する。

当時のウィーンでは、上下水道の整備などの実益もさることながら、町の見かけをよくするという体面保持がだいじだったのである。明治の東京が、官庁地区や銀座表通りで同じように見栄を張ったことが思い合わされる。

一八六五年、まずリング通りが完成した。それは市壁の外側のドーナツ状空地に位置する環状街路である。ただし、市壁がバスタイを含むごつごつと折れ曲がった形をしていたことを思い出していただきたい。リングはその外側の輪郭線をなぞるようにつくった七角形をしている。ドナウ川側には空地がなかったので、そこにはリングはない。今日、ドナウ川沿いにカイ（川岸通り）と呼ばれる街路があるが、カイはリングとは別のものだから、リングの形は○ではなくCである。

そのリングに最初に建ったのはオペラ座（一八六九年）だった。ネオ・ルネッサンスというか、「自由な」ルネッサンス様式で、立派は立派だが、いかにも鈍重なデザインで、大亀が地面に這いつくばって動かないような趣だ。周辺からも孤立していて、はじめて見るときはどう受け止めてよいのか当惑する。しかし、そこからリングを時計回りに歩いていくと、リングのもっともリングらしい見事な都市景観が出現する。

ほどなくリングはわずかに右折するのであるが、曲がったすぐの右内側にホーフブルク新館（一八七三年に完工したが、今世紀に至るまでくりかえし手が加えられている）がある。リング沿いの広場に向けて円弧状をなしていて、広場との一体感を意図した建物だとわかるが、広場の向かいにそれと対称形の建物があればもっとずっしりと落ちついた眺めになったろう。事実そういう計画だったのだが事情があって流れた。一方、リングの左側には美術史美術館（一八九一年）と、こちらは広場をはさんでそれと対称形をなす自然史博物館（一八九一年）がある。

結局、長方形の四隅のうちの三隅によく揃った建物がきちんと納まっている。一隅が空いていることはさほど気にならない。三つの建物はルネッサンス様式に属するといわれるけれども、素直に眺めるとむしろバロックの雰囲気の方が強いだろう。対称形の二つはむろんぴったりバランスがとれているが、その二つとホーフブルク新館のスタイルのちがいもわずかだ。だから人は、右の三者を、この界隈のどこからでも安心して眺めわたすことができる。

リングを再度ゆるやかに右折すると、国会議事堂（一八八三年）、市庁舎（一八八三年）、ウィーン大学（一八八四年）、ブルク劇場（一八八八年）の四建物が菱形に配置されている一角に到達する（図9）。最初に左側に見えてくる国会議事堂の正面は、どう見ても古代ギリシャ様式だ。議会政治発祥の地ギリシャをイメージ化したのである。次にその後方、少しリングから後退したところに高い塔の目立つネオ・ゴシック様式の市庁舎がある。ゴシックは、市政の範を中世の自由な市民共同体に求めた結果の発想である。さらに向こう、しかしリング

図9　左から国会議事堂、市庁舎、ウィーン大学、ブルク劇場

に近づいてネオ・ルネッサンス様式のウィーン大学がある。これは、もちろん中世の迷信の世界から脱却し、近代の学問を育んだイタリアのルネッサンスを理想と考えた末のデザインだろう。右の三つが巨大なのに対し、唯一リングの右側に位置するブルク劇場だけは、やや小さめで、子亀のような姿だ。その様式がバロックなのは、演劇のような美的文化はバロックの時代になって花開いたという理屈に由来するらしい。

菱形におかれた右の四建物が見えはじめるアングルは、リングでも屈指の見どころである。これぞウィーンという眺めを目の当たりにする感がある。しかしながら、ギリシャ、ゴシック、ルネッサンス、バロックの四様式が四建物にばらまかれた不統一ぶりが、人を不安におとしいれるのも、このアングルだ。一九世紀の建築が、何故それより昔の様式を装っていなくてはならないのだろうか。しかも、四建物が四つともちがう様式だなんて。幻でもなければ、映画のセットでも野外博覧会の架設建物でもないのに。これはうそではないか、と。

二〇世紀前半に活躍した劇評家ヘルマン・バールの、切れ味鋭いリング評に耳を傾けよう。「リング通り。初めて目にしたこの偽りのウィーンの印象を克服して、現実のウィーン、あの隠れたるウィーンを発見する術を学ぶには、何年もかかった。一八六六年以降のウィーンの人々、つまり新ウィーン人たちは、この現実のウィーンのことを、もはや、まったくと言ってよいほど知りたがらない。歴史上のウィーンを忘れ去ろうとするこんな要求のあらわれこそ、リング通りにほかならなかった。少年の日、ただもう驚嘆三嘆のまなこで私はリング通りを見上げたものだ。その後、何年にもわたって同じリング通りを私は憎みに憎んだ。そうこうするうち、リング通りそのものが歴史と化して、そのためにある本物らしさを帯びてきた。とりわけ、現実のオーストリア帝国が没落するに及んでそれは著しい。つまるところ、リング通りが正しかったのである。オーストリア帝国とは裏腹に。

リング通りが驚嘆すべき偉業であることに変わりはない。いまだかつて非力が、これほどまでの人目を魅する優美、大胆、威風を以て、象《かたど》られたためしはない。零が、これほどまで豊饒《ほうじょう》な充溢の恵みを受けたためしもなければ、言うだに値しないものが、これほどの有無を言わせぬ雄弁に恵まれたためしもまたとないのである。いわばそれは、中空に演ぜられた仮想舞踏会であった」。（ヘルマン・バール「リング通り」須永恒雄訳）

ホーフブルクの国立図書館のなかに、一七二六年に成ったとりわけ華やいで美しい大ホールがある。飾れるだけ飾りつけたようなバロックだから、天井や上壁の絵画といい、梁から柱にかけ

図10　ホーフブルクの図書館内部

ての金の装飾といい、床におかれているたくさんの彫刻といい、豪奢なことはいうまでもない。そこには、オイゲン公の私設図書室から移された一万五千冊を含む、一五〇一年までさかのぼれる約二十万冊の蔵書がある（図10）。

なるほど、リングの一群の建築に釣り合う書棚はここにあったのかと思う。中身はわれわれには縁遠いが、本たちの外見の貫禄は申し分ない。私は見かけ倒しなどというつもりはない。ただ、本だって虚栄心を満足させるために集められることはあるだろう。本のコレクションの開陳と街並の美化とは、よく似た心性から発した事象かもしれないし、そうであるならば、リングのすぐ近くに、リングを思い出させないではいられない書棚が存在するのもおかしくはない、と思うだけのことである。

リング通りについては、あと二つつけ加えておきたい。

一つは、リングは、市壁の外側の空地が一九世紀半ばまで残っていたという後進性故の産物、いわば「けがの功名」だということである。市壁に囲まれた中心部の大きさは、じつは東京の皇居に毛の生えた程度しかない。リングを歩くとは、皇居のまわりを歩く程度の話なのだ。しかし、小さな輪を美しく整えたことが、都市の美化にはかえって効果的だった。

じっさい「ウィーンの新しい開発は、その地理的集中性のおかげで、視覚的効果の点では一九世紀のどんな都市再建をも――パリのそれすらも、凌駕《りょうが》するものであった」（ショースキー『世紀末ウィーン』安井琢磨訳）といわれる。道路の太さが適度であることもよい。パリのシャンゼリゼーや、ベルリンのウンター・デン・リンデンは、幅が広すぎて辟易する。それらは軍隊の行進によりふさわしい。おそらくはオーストリアが、ナポレオンのフランスや近代プロシャほどの軍事国家でなかったことが幸いした。

今一つは、リングには、既述の記念碑的な建築よりも、分量としては、民間のアパート建築の方がはるかにたくさんあって、それらアパート建築の質のよさがリングの格を決定したということである。典型的なパターンは、一階が目抜き通りにふさわしい高級な商店、二階は贅沢な吹き抜け階段を上がってアプローチする見栄っ張り向きの住居、しかし、その手の階段は上の方までは通じないから、三階以上はより小規模な住居、というものだった。この町では、社会の最上層の人たちがリングの二階に家をもった。

多くのアパート建築は、バロックの時代のパレーと呼ばれる貴族の館にならって建てられたから、どんな様式が選ばれるにせよ、ある水準に達する見かけをもっていた。そしてリングでは、記念碑的な建築が目立つ一角を除けば、高さの揃った、四角いアパート建築の連続が優勢だった。

世紀末のウィーン

リング通りの建設時期を、かりにオペラ座から両博物館までとすると、それは一八六九年から一八九一年、日本に当てはめれば明治二年から二四年である。東京では銀座煉瓦街や鹿鳴館ができた時期だ。リングは、ヨーロッパの大都市としては、後発的達成に属する。ただし、現在、東京で当時の建物などないに等しいのに比べると、リングであれ、インネレ・シュタットであれ、ウィーンの中心部では対照的に何もかも残っている。

ウィーンに新しいものがつけ加えられなかったのではない。それどころか、ウィーンは近代の芸術運動の拠点であった。その名をゼツェシオーン（分離派と訳される）という。一九世紀の行きづまった絵画、彫刻、建築から訣別し、新しい芸術をめざす一派が、一八九七年そう名乗ったのである。そこにはグスタフ・クリムト、ヨーゼフ・ホフマン、ヨーゼフ・オルブリヒなどがいた。世紀末が近づいている折から、彼らの作品は、二〇世紀に入ってからのものも含めて、世紀末芸術と呼ばれる。ほぼ同時期の建築家、オットー・ヴァーグナーとアドルフ・ロースはまた別の育ちだったが、彼らの建築各種も、ヴァーグナーで半数が、ロースではすべてが二〇世紀のものながら、世紀末芸術に数えられる。

以下には、ウィーン近代化の先駆となった建築、とりわけ市内のいくつかの場所で、まるで刻印が押してあるかのようにそれとわかる、オットー・ヴァーグナーの建築のいくつかを取り上げよう。

しかし、最初の例ばかりは、人はヴァーグナーの作品と気づかず通りすぎてしまうかもしれない。彼のもっとも早い時期の作品の一つである連邦銀行（一八八四年）は、何の抵抗もなく歴史的街並のなかに納まっている。この建物はアパート建築とちがい、独立の商業用だが、二段に分かれた自由なルネッサンス様式だから、外装デザインの原理は、下階が商店、上階が住居というアパート建築と大差ない。ただ、子細に観察すると、下部のルスティカ仕上げ（粗面積み）には新しいところがある。石造ブロックの縦の継ぎ目が消してあるのだ。したがって、ルスティカ仕上げは、ここでは水平な帯模様に見える。伝統を破ろうとするヴァーグナーの気概が、わずかながら伺える部分だ。

ヴィーンツァイレの、隣接する二つのアパート建築（一八九九年）は、もはや十分に近代的である（図11）。三階以上の壁面を飾る花や葉の色鮮やかなレリーフは、分離派の絵画の影響と見られるが、壁自体はまったく平らだ。前の時代のリングのアパート建築が、彫刻めいた、凹凸に

図11　ヴィーンツァイレのアパート

富んだ壁をもっていたことに対抗するのに、ヴァーグナーは、この平らな壁で十分と見た。平らな壁、いかに派手な装飾があろうとすべてが二次元の平面にはまった平らな壁——それが歴史的街並に対する彼のアンチテーゼだった。一方、一、二階の商店部分は、手すりの緑の線と豊富なガラス面で特徴づけられ、住居部分とははっきりちがう。住居部分も商店部分も歴史的建物とはかけ離れたデザインでありながら、両者が歴史的建物並みにわかりやすく区別されているところには、おだやかな進歩思想が感じられる。

郵便貯金局(一九〇六年)は、またビジネス用建物の例になるが、リングから見通せる、わずかにひっこんだ広場に建つ、ヴァーグナー円熟期の作品である。この建物では、天窓でおおわれた窓口業務室が有名だが、外壁のデザインはむしろ地味だ。「平らな壁」への執着が相変わらずなのに加えて、単純化志向がすすんだからである。全面、アルミニウムのボルトで締めた大理石板が並んでいるだけ。しかし、大理石板よりも、ぽつぽつと見えるボルトの頭が印象的だ。窓が壁からほとんど後退せず、同一面にあるかのごとく見えることも、平面性を強調する。ただし、この建物でも、一、二階面の大理石にはむくり(丸み)があり、色もわずかに濃いこと、上階との境となる大理石は、とくにはっきりふくらんだ水平線をつくっていることなど、凝りに凝った技法によって二段に分かれたデザインの伝統が踏襲されている。

晩年のノイシュティフトガッセのアパート(一九一二年)で、ヴァーグナーは、いわば郵便貯金局でやったことをアパートに応用した(図12)。上階部分の無装飾は徹底的で、平坦な壁には、窓の縦横線に合わせた垂直水平線がかすかに見えるだけ。上階全体の縁に黒い点線があるのが唯一デザインらしいデザインである。窓そのものも単純きわまりない。当時の感覚ではオフィスビルと見られたろう。下階部分は、二階に黒いタイルの縞模様があり、同じ黒は、二階窓下では太い帯に、一階壁の上半ではパネル状になって、まとまった存在になる。二段に分かれた外装デザインは最後まで守られたのである。人は、下階部分を見てはじめて、この建物がほかならぬヴァーグナーの作品だとわかるだろう。

図12　ノイシュティフトガッセのアパート

アドルフ・ロースの「眉毛のないビル」が建ったのも同じころ（一九一一年）である。ミヒャエル広場に面するロース館は窓庇《まどびさし》がなかったし、石造建築にならば自ずと備わるような窓の上の装飾が一切なかったので、こういうあだ名で呼ばれた。しかし、今、ノイシュティフトガッセのアパートとロース館を比べてみると、前者の方がよほど無愛想である。ロース館は、屋根には勾配があり、平面形は単なる四角ではない。下階はなかなか変化に富んでいる。おそらくはミヒャエル広場がウィーンの中心地にあることから、ロース館は市民の話の種になりやすかったのだろう。

なお、ヴァーグナーとロースの仕事は、前者では駅舎や土木施設、後者ではインテリアまで数えると、かなりの数に達する。とくに町を歩いていてヴァーグナーの建築に行き合うことは多い。そうしたもののなかには、右に挙げた例より、さらに顕著に彼らしい特徴を示すものも含まれる。カール広場駅やアム・シュタインホフ教会などは、よくもわるくもヴァーグナー臭ふんぷんたる建築だ。ウィーン程度の大きさの都市に、一人の建築家の作品がこれだけ目立てば、それは十分、町の個性の一面たりえよう。

「第三の男」

フランツ・ヨーゼフの治世は、彼の亡くなる一九一六年まで、なんと六八年もつづいた。その間、ヨーロッパ諸国の政治体制は大きく動いており、一九一六年といえばもはや第一次世界大戦のさなかである。だいぶ前から、ハプスブルク家の統治の終わりが近いことはだれの目にも明らかだったが、彼の死のわずか二年後、ドイツと組んだオーストリアは戦争に負け、帝政を廃し、共和国の設立を宣言した。

しかし、オーストリアが独立国としてふるまったのは短い期間である。やがてヒットラーが台頭すると、一九三八年、ヒットラーはウィーンに無血凱旋し、オーストリアはドイツに併合された。当時のウィーンは物理的には無事だったが、政治的には再び「辺境」の町――このときはベルリンを中心とする「辺境」――になり下がった。そして、第二次大戦末期の空襲と、一九四五年四月の十日間にわたる地上戦の末、市内の建造物の約五分の一が全壊または半壊されるに至ったのである。その破壊の程度は敗戦国としてはまあまあくらいといわれるが、町のシンボル、シュテファン大聖堂も、市民にとってもっとも貴重な宝の二つ、オペラ座とブルク劇場も炎上したのだから、大打撃であったことはまちがいない。

「ウィーンの町は戦争で破壊され、四大国、すなわちソ連、イギリス、アメリカ、フランスに分割され、境界にはただ掲示板が立っているだけという惨めさ、市の中心部といえば、重厚な官庁や威風堂々たる彫像の立ち並ぶリング街にとり囲まれたインネル・シュタットは四大国の共同管理下にあった。かつては流行の中心であったこのインネル・シュタットでは、四大国が一カ月交替で、いわゆる〝議長席〟について、治安の責に任ずることになっていた。夜なぞうっかりナイトクラブでオーストリア・シリングを使おうものなら、まず間違いなく活動中の連合国警察に出くわすだろう。これは各国から一人ずつ出ている四人の憲兵で、うまく気心が通じているとは義理にも言えないが、敵の国語をしゃべって話が通じていることは事実だった。私は両次大戦間のウィーンを知らなかったし、シュトラウスの音楽や、あやしげな魅力に満ちた昔のウィーンを憶えているほどの年配ではない。私にとってウィーンは、みすぼらしい廃墟の町であり、しかもその二月には、廃墟が雪と氷の氷河になってしまったのだった。ドナウ河は灰色の、どんよりした濁流で、ソ連領の第二地区を貫通して遙か遠く流れていた。この地区では、プラーテルは破壊され、荒涼として、雑草の生えるにまかされている。ただ〈観覧車〉だけが、メリーゴーラウンドの土台の上を、うち棄てられた石臼のようにゆっくり廻転している。粉砕されたタンクのさびた鉄屑を誰もかたづけようとはしない。雪の薄いところには、霜にやられた雑草がのぞいていた」。

（グレアム・グリーン『第三の男』小津二郎訳）

右はグレアム・グリーンが、キャロル・リードのために書いた小説のはじめのところである。戦後三年目のウィーンの姿は、リードの一世を画した映画「第三の男」によって、世界中に伝えられた。一都市が四つの国に占領されるという過酷な運命を担ったのは、ウィーンとベルリンである。ウィーンでは、映画に描かれた通り、共同管理地区の中心部と、目と鼻の先のソ連地区の間をパスポートなしで往き来できるのは、地下下水道しかないというありさまだった。

ただ、その後の経過でいうと、ウィーンの不運はベルリンにおけるほどひどくはない。ベルリンでは、ソ連以外の西側三カ国の管理地区が「ベルリンの壁」に囲まれた状態が一九八九年までつづいたのに対して、オーストリアは、早くも一九五五年、ソ連にも西側にもつかないという中立を条件に、完全独立を果たした。即刻、各国の兵士たちはウィーンを去った。同じ年、すでに復興成り、用意万端整っていたブルク劇場とオペラ座が相次いで再開された。シュテファン大聖堂もほどなく完全修復された。

インネレ・シュタットにおいては、復興とは、基本的に、昔の姿にもどすことを意味した。その点、日本でいう復興とは似て非なるものである。被災した日本の都市では、バラックを建てようと、前より立派なビルを建てようと、どちらも復興と称する。並のビルを昔どおりに再建するという発想はわれわれにはない。今日、ウィーンの中心部を訪ねる日本人観光客は、一八世紀のバロック建築や、一九世紀のリング沿いの建築が、当時のまま建ちつづけていると思うだろうが、事実は、そのなかに、大戦でこわされ、戦後元通りに建て直されたものが相当数含まれているのである。

ウィーンの新建築

インネレ・シュタットに新建築が建たなかったわけではない。しかし、その数は、今に至るも少ない。数年前、市の建築担当の役人たちからウィーンの都市計画の話を聞いていたとき、一人が、インネレ・シュタットの建築を、建設世紀別に色分けした手描きの地図をちらと見せてくれた。一見して、各世紀の建築がそれぞれどのくらいあるかが眺められる。二〇世紀は戦前と戦後に分かれていたと記憶する。ウィーンならではの地図で、街並の年齢をしらべるためには、のどから手が出るほどほしかったが、さしつかえがあったのだろう、コピーをもらえなかった。確かなことは、インネレ・シュタットには戦後の建築は相対的にわずかしかないと見えたことだった。そのときの話で、ウィーンでも周辺部に行けば、戦後の建築が優勢になるとも聞いた。

リング内の新建築を探し当ててみると、たいていはアパートかオフィスで、表情に乏しい。世紀転換期ごろまでにできあがった町の表情を損なわないような平凡なビルである。極端な例は、ブルク劇場の裏にある政府の建物で、ごく最近のものであるにもかかわらず、百年前の建築と見まちがえるディテイルをもっていた。

新建築らしい新建築もある。リングから少し外に出るが、すでに観光名所になっているものに、フンデルトヴァッサー・ハウス（一九八五年）がある。それはアパートだが、ガウディを思わせるさまざまな色タイルの遊びと、樹木を階段状建物の各階屋上から、ところによっては室内にまで植えこむほどの植物嗜好で人気を呼んだ。その後フンデルトヴァッサーの建築は二軒目、三軒目と増えた。

ラデツキー通りの連邦政府庁舎（一九八六年）はポストモダニズムに属するだろう。設計者はペーター・ツェルニン。外壁にはめこまれたパネルの同じ模様のくりかえしは、ヴァーグナーの伝統を受け継いでいるというが、毒々しいほど派手だ。四隅の塔は城塞のように威圧的で、そこに政府の役人どもが立てこもっているのでは、市民にも観光客にも近づきにくい。ただ、一度見たら脳裏に焼きついて消えない建物ではある。

新建築の極めつけは、新ハース・ハウス（一九八九年）であろう。立地がすごい。インネレ・

図13　シュテファン大聖堂と新ハース・ハウス

シュタットの真ん中も真ん中、シュテファン広場をはさんでシュテファン大聖堂と顔を合わせる場所にある。角度によっては、大聖堂に重なって見える（図13）。ハンス・ホラインのデザインは今になってみると、穏健なポストモダニズムくらいだ。そういえば、これにも円柱状に張り出す城塞の塔を思わせる部分があるが、湾曲したガラス張りだからか、やさしい。そのガラス面に大聖堂が映る。まず一流のデザインというべきだろう。しかし、この建築、今後長期間シュテファン大聖堂と見比べられる運命にある。現代建築は年月が経てば経つほどきたなくなる。かわいそうに。ホラインがわるいのではない。現代のだれに、大聖堂と拮抗する建築が建てられようか。

ウィーンの町もじわじわと拡大しつつある。個別の建設ではない大開発があると聞いて、私も二、三のぞいてみたが、大したものはない。たとえばヴィーナーベルク団地（一九八七年）は最新最大のものの一つといわれるが、ちっともおどろかされない。デザインはしっかりしていたが、よその都市の大開発を見慣れた目にはすごみがなかった。

郊外でも、ウィーンでは、古めかしい一戸建てや、狩猟用の別荘みたいな家や、近代の豪奢な二階建て住宅などが、十分な間隔をとって並んでいるような地区に行き合うのがふつうだ。たとえば、北のハイリゲンシュタットの先のベートーヴェンの散歩道があるあたりは、町と郊外との境目に近いから、のどかなのは当然としても、そこからもっと郊外に出ようと、町に逆行しようと、そんな家々ばかりで、ついぞ大開発にはお目にかかれない。

第四章　街並の年齢

街並の年齢の定義

前の二つの章で、東京とウィーンの過去から現在までをざっとたどったが、そのような都市の総論と、一本一本の街路の各論とは、また別の問題である。本章では、内外から三つずつの街路を選び、それぞれの現にある姿を映像的に眺めてみる。映像と直結させることによって、話はだれにでも通じる具体的な街並論になるだろう。

また、この段階で、各街並の年齢もようやく特定することができる。都市はあまりに広いので、それを丸ごととらえて年齢をいうのは荒っぽすぎる。一本ずつの通りならば、ある程度正確に、それぞれの街並の年齢を示すことができよう。

以下では、国内から、埼玉県川越市の一番街、東京都中央区の日本橋中央通り、東京都渋谷区の公園通り、ヨーロッパから、ヘント（ベルギー）のグラスレイ、ザルツブルク（オーストリア）のアルターマルクト、ウィーンのマリアヒルフ通りを組上《そじょう》に乗せる。日本とヨーロッパをよく代表するような通りを選んだつもりである。

国内のそれぞれの通りの特徴を一言でいえば、次のようになる。川越は、明治時代後期の蔵造りの残ったところに、大戦前の商店と現代の商店ビルがつけ加わった田舎びた通り。日本橋は、戦前から生き残った四つ五つのビルと、大戦後比較的早い時期に建った大多数の現代ビルからなる、モダンだけれど最新とはいえない通り。渋谷の公園通りは、高度経済成長期の中期に生まれた現代ビルに、その末期のファッションであるポストモダンがかったビルが混ざった、昔を知らない新しい通りだ。

ヨーロッパのものについては、もう少しくわしく述べる。

ベルギーの古い都市、ヘントのグラスレイは、かつては波止場でもあった川岸通りである。ヘントは中世に毛織物業が栄えたフランドル地方の中心都市で、フラマン語でヘントだが、日本では英語読みのゲントがふつうだ。近くの同じく古い都市、ブルッヘ——日本ではこちらはフランス語読みでブリュージュ——は日本人の観光客が引きも切らず訪れる町だが、ヘントはよくぬかされる。しかし、ヘントのグラスレイは、飛ぶ鳥も落とす勢いだったフランドルの商人たちの最大の交易拠点の一つで、一つ一つの建築が名品ぞろいだ。

オーストリアの古い都市、ザルツブルクのアルターマルクトは、古い市場の意で、その名の通り古くは市場でにぎわった広場だった。ザルツが塩であることからわかるように、町は岩塩の採鉱で収入を得ていた。アルプスの周辺には、壁画や、だまし絵的に描いた柱、窓枠、窓庇《まどびさし》や、色味のある漆喰《しっくい》地の壁面などをもつ、カラフルな建物にあふれた町が多い。ザルツブルクもそんな町に属するが、もっと小さな田舎町だとしばしば野暮ったくなるところ、さすがにイタリア風のあかぬけた色使いである。

オーストリアの首都、ウィーンのマリアヒルフ通りは、車は上り下り一車線だが、舗道がたっぷりと広い、現代風の商店街である。ウィーンとはいっても、マリアヒルフ通りに関しては、ハプスブルク王朝の歴史とはほとんど関係がない。もともとは市の中心部から西へ向かう古くからあった一本の放射状道路に過ぎないが、一九世紀以後の都市の膨張につれて重要な商店街に成長した。

以上六つの通りとも、いつごろ町になったかは正確にはわからないが、現存する個々の建物の建設時期の判断はほぼ可能である。ただ、街路というものは、最初にできたまま今に至ったということなどありえない。たとえば、現在の日本橋通りには、江戸時代はおろか、明治の建物すらないのだから、物理的には昔とまったく縁が切れているが、江戸時代の日本橋はれっきとした江戸随一の繁華街だった。建物の「総取り替え」があったのである。昔は火事が多かったから、総取り替えは、何度もあったろう。だから、現在目に見える街並の古さとは、現存建物の平均年齢という意味でしかない。

現存建物の平均年齢――口でいうと簡単だけれど、それすらも一義的には定義できない。いくら現存していても、百歳の木造住宅が――年齢は確かめられたとして――これまで一指もふれられず生き残っているはずがない。数回の修復を経ているのがふつうだろう。となると、それが元の通りに直した修復か、後世の様式を取りこんだ修復かが問題になる。街路に面する表側が後世の見かけになってしまえば、街並の観点からは、その建物は百歳ではない。原型のまま移築された程度ならまだ生きているといえるだろうが、信憑性《しんぴょうせい》のない復元だと一度死んだものと考えないわけにはいかない。

石造建築でも事情は根本的には変わらない。石も放っておけば百年くらい経つとくずれるし、漆喰は十数年ごとに面倒を見なくてはならない。百歳の石造建築が誕生時のまま残っていることはまずないのである。

そんな具合だから、街並の年齢は厳然として存在するとはいうものの、計算はむずかしい。こまかいことを気にすると動きがとれない。大胆にやるとして、文献調査にしろ、電話による聞きこみにしろ、何らかの方法で手に入ったデータはなるべくそのまま使う、生年のわからないものは推定する、ファサードの変化した建物では、竣工年ではなく外装替えの年をとる、などを大まかな原則とした。

街並には、年齢とともに、人間におけると同様なライフステージが垣間見られる。いや、ライフステージのあり方の方が、年齢そのものより興味深いくらいだ。たとえば、ヘントは、高齢の老人ビルばかりから成る通りだが、威厳があって、すきがない。川越は、明治後半、大正から終戦、戦後、の三世代の商店の混合した通りだから、ヴァライエティに富んでいる。よく見ると、老年の蔵造りと町家造りがしっかりしているのに対し、青年の商店ビルは安っぽい。渋谷は、一九七〇年代以後の暖衣飽食の時代を映した若者ビルがリードする町で、ここには「戦前」のひとかけらもない。

サンプルとして取り上げた六つの通りは、年齢もライフステージもさまざまな段階にある。もちろん、サンプルが少数であること、地域が偏っていることなどあり、これらだけで語れない面も多々あろう。しかし一方で、日本の町に関しては、個性がない、国内のどこへ旅しても同じような町にしかお目にかかれない、という事実は大方の認めるところである。日本については、三例の街並から大まかな特徴を抽出してあれこれいっても、さほどまちがったことにはならないと思う。

ヨーロッパの街並となると、三つでは話にならないほど少ない。これはあくまで日本の街並と比較するための対照群である。この三つから、ヨーロッパの街並の一般的傾向をきめつけるつもりはない。

以下の六節で六つの通りを概説する。それぞれの通りの連続立面図風の写真の原図は、街路の両側をかなり長い距離にわたって写したものである。しかし、ここでは各街路ごとに、特徴のある片側数軒一並びを示すにとどめた。街並の年齢については各節でもふれるが、とくに本章の最後で総括的な比較を行う。

川越の一番街

埼玉県川越市は、古くから、荒川西岸における軍事や交通の要衝であると同時に、作物、物資などの生産力が高かったので、江戸の後背地としての役割を担っていた。初期の城下町は一六世紀には成立していたというが、寛永一五（一六三八）年の大火で灰塵《かいじん》に帰した。翌年入府した松平信綱は、札の辻を中心とする新しい町割りを定め、それにもとづいて町の再建にとりかかった。

川越・江戸間は新河岸川の舟運でつながっており、江戸へ運ばれる荷物のなかには、穀物、野菜類、醤油、油粕《あぶらかす》、綿実《わたのみ》、素麺、炭、石灰、各種木材などがあった一方、江戸からは当然、呉服や瀬戸物や海産物などが送られてきた。江戸との盛んな物資の交流が「小江戸」とうたわれた川越の繁栄の基礎だった。幕末にかけては街並もよく整ったようで「城下の町並繁栄にして、江戸今川橋通りより神田須田町筋に能《よ》く似たり、町々は碁盤わりにて甚《はなは》だ賑はしく、商家の容体、売りもの、品々、更に江戸に似て」（十方庵敬順『遊歴雑記』）と一八一〇年代に書かれている。今川橋通りから須田町筋とは、日本橋通りに連なるところ、そこと川越が似ていたという観察は、今日の両者にほとんど類似性がないことと考え合わせると興味深い。

繁栄していた川越は明治二六（一八九三）年三月、再度の大火に会い、目ぬき通りの商店街をあらかた失った。しかし、何軒かの土蔵が焼失をまぬかれたのを見て、経済力のある商人たちは競って蔵造りによる再建を試みた。大火後の蔵造りには、黒漆喰塗りの壁、背の高い箱棟、観音開きの窓などの特徴があるが、それは「まさに幕末日本橋界隈の蔵造りの系譜であり定型化されたものであった」。（川越市教育委員会『蔵造りの町並』）

しかしながら、川越の蔵造りが残ったのに対して、日本橋の蔵造りはとうに絶滅している。

それだけに、明治の後半に建てられた川越の蔵造りは、昔の日本橋をしのばせる。それらは一

時は一〇〇軒に近い数に達したといわれるが、半数以上は高度経済成長期のあいだに取りこわされた。しかし最近の保存志向にそって復旧されたものもあれば、回顧趣味に乗った平成の新作もある。

一番街は、札の辻から南へ向かう約四〇〇メートルほどの通りで、川越市でもっとも古くかつにぎやかなところだが、そこでは蔵造りは全戸数の約二〇パーセントに達する。ほかに、瓦屋根の載っている町家が同数程度、あとはおおむね洋風商店である。図14に一番街の南端から西側に並ぶ数軒を示した。

一番左が典型的な明治の蔵造りの町家に属するマツザキスポーツ旧館、松崎宅である。大火直後の明治の建物だ。仲町交差点に面するからだろう、どの方向から見ても立派な入母屋造り瓦葺きの屋根、その下に、間口四間、奥行二・五間の箱棟があり、こまかい点はおくとして、壁の黒漆喰塗りと二階窓の観音開きが見て取れよう。一番右の荻野銅鉄店は同じく大火直後の明治の建物。ただ

図14　川越の一番街

し、これは蔵造りではなく、真壁造り《しんかべづく》（柱が外面に露出し、柱と柱のあいだに漆喰仕上げ面が納まる造り）で二階に格子窓のある、ふつうの町家に属する。通りのこの部分では、両端部の二つの伝統的建築が街並を引きしめている。

古い町家と対照的なのは、真ん中に高くそびえる二つの洋風のファサードだ。左の方は田中屋美術館。これは大正四（一九一五）年に建てられた看板建築で、洋風なのは街路側表面だけ、背後の建築主体は土蔵造りである。右の方は山吉。これは昭和初期の鉄筋コンクリート造三階建てで、最近まで裏側に木造三階建て洋館がつながっていたが、撤去された。残った洋風のファサードは一階が吹き抜けなので、裏庭が透けて見える。三階窓下のレリーフは当時のものである。

古い日本家屋と大正や昭和初期の古い西洋館の取り合わせは、西欧化黎明時代の原風景のごときもので、かつてはめずらしくなかった。そして、往々よく似合う。たとえば、黒い蔵造りの軒や壁の重々しさと、白い西洋館の柱や壁の厚ぼったさは、重量級同士でぴったり合うように思う。しかし、同じ西洋館でも、図14の残りの三つのような、大戦後の安っぽい建物は日本家屋に合いようがない。

川越市一番街の年齢を推定すると、対象建物数七八軒の生年の平均は、およそ一九三二年と計算された。これは昭和初期に当たるが、実際には昭和初期の建築は案外少ない。数が多いのは明治二六（一八九三）年の川越大火直後の町家だが、それに江戸の町家一軒、大火前の洋館一軒などを加えると明治以前は三一軒におよぶ。一方、戦後の、平均すると一九七〇年ころの建物あれこれが三五軒ある。したがって、一番街の建物の生年分布は一八九三年と一九七〇年とに山のある、二山分布で、両者の中間の建物は、山というほどの山をなさない。たとえていえば、老人たちと三十歳前後の若い人たちが主流で、中年層は少ない、それから子どもも少ない、というやや不自然な年齢構成をしている。

日本橋の中央通り

橋としての日本橋は、徳川家康が慶長九（一六〇四）年に架けた太鼓橋にはじまる。橋は当初から、江戸でもっともにぎやかな町人地を南北につらぬく街路の中心的存在であったと同時に、国内各地へ延びる五街道の起点でもあった。橋の上からは江戸城と富士が眺められた。火事の多

図15 「東京名所日本橋京橋之間鉄道馬車往復之図」(筑波大学附属図書館蔵)

い町だったので、橋は被害の都度建て直されたが、明治四四(一九一一)年架橋の石造二連アーチ橋は今も健在である。

日本橋界隈の町家は享保五(一七二〇)年の改革によって、瓦葺き塗家造りや土蔵造りが奨励され、大いに変わったといわれる。それまでは、草葺きや板葺きの屋根で木部を無造作に露出した古いタイプの町家が主流だったのが、表通りから変わりはじめた。火事が多いという事実は、建て直しのきっかけには事欠かなかったことを意味する。そういう際の変化は迅速だったにちがいない。

さらに明治一四(一八八一)年の東京防火令で、日本橋の主要な街路に面する建物は、板葺きや塗屋ではなく、蔵か煉瓦造か石造の三つのうちのどれかでなくてはならなくなった。しかし、住民たちが選んだのは、やはり蔵だった。土蔵造りは江戸時代から火事に強い町家として知られていたとはいえ、日本橋の商人の和風へのこだわりを感じさせる。このとき好んで使われた「江戸黒」の

壁は、白壁より手間をくう。黒壁だと、白漆喰の下塗りの上に黒漆喰を塗って仕上げる分、一工程増えるからだ。それでも黒くする、それが日本橋商人の気概だったらしい。黒は以前からなくはなかったが、主流は白だったものが黒へと逆転した。

明治一五（一八八二）年に描かれた「東京名所日本橋京橋之間鉄道馬車往復之図」（図15）によるならば、日本橋大通りの黒い街並は早くもほぼ完成している。煉瓦造や石造は数えるほどしかない。白黒写真で見ると、夜景と見まちがえそうなほどだが、原画はまだ明るい夕暮れどきの絵である。

しかしながら、この黒い街並も長くはもたなかった。近代化の進行が伝統的な蔵造りの維持を困難にさせた。木造漆喰塗りだが国籍不明の「洋風に似て非なる建築」や、蔵造りだが街路からは平面的にそそり立つファサードだけが見える看板建築が徐々に増えだし、明治末年には蔵造りをしのぐほどになった。そのころ蔵造り

図16　日本橋の中央通り

商店の三割にショーウインドーがついていたというから、蔵造りといえども昔風の店蔵ではなくなっていた。そして、日本橋大通りの拡幅が成り、石造の日本橋が架かり、本格的な洋風ビルが建ちはじめる。最初期のビルで現在残っているものに、三越（一九一五年）、三井本館（一九二九年）、野村証券ビル（一九三〇年）などがある。

図16に日本橋中央通りのビル群を示す。橋の南詰めから南に向かう通りの東側の数軒である。

数奇な運命をたどったのは、なかほどの、ルーバーの縦縞が目につく七階建ての白木屋ビルだ。白木屋は寛文二（一六六二）年創業の呉服屋だが、すでに江戸時代から建てては燃え、建てては燃えをくりかえしている。幕末の二階建て店蔵は歌川広重の「日本橋通一丁目略図」にも描かれた（図17）。黒い土蔵造りは当時としては先駆的だったろう。明治末には和洋折衷の木造三階建てのものにつくり直された。大正期にはルネッ

図17　広重の「日本橋通一丁目略図」（部分）

サンス式の鉄筋コンクリート四階建てビルに生まれ変わったが、関東大震災で焼失した。昭和三（一九二八）年にはインターナショナルスタイルの七階建てビルとして再登場したが、このビルは、昭和七年、東京の近代史に残る火事を出し、女子店員が多数亡くなった。すぐ修復したが、大戦末期の「東京大空襲」でまた被害を受けた。大戦後、白木屋は東急百貨店に身売りして昭和三二（一九五七）年に、連続立面図にあるようなデザインの外壁に変わった（写真撮影後、東急は店を閉じ、このビルも今はない）。

白木屋ビルの左隣と、同図の右端に、白木屋とほぼ同じ大きさのビルがあるが、どちらも一九六〇年代のもの、白木屋を含め三つとも大味だ。このころのビルは、大昔のビルとちがって、ときが経っても味が出てこない。横長連続窓や総ガラスは単なる流行おくれになってしまった。中央通りには、ほかでも六〇年代のビルがもっとも数が多い。

白木屋ビルの右側で、二つの細いビルが寄りかかり合うように窮屈に建っているのは、日本ではよくある風景だが、あまりいただけない。かつての蔵造りや看板建築が背のびを競い合っているみたいだ。過去をたどれば、事実その通りなのである。町の歴史を読むにはおもしろい場面かもしれないが、街並を鑑賞する立場からすると気が滅入る。

一番左の野村証券が一九三〇年のビルを保存しているのはさすがに立派である。それに対して、隣の東海銀行は古い歴史的ビルを撤去して、この通りにやや不似合いな新ビル（一九七五年）を建てた。二つのビルに共通の煉瓦色は、日本橋では異色だが、橋のたもとで通りが少し広くなっているところなので、微妙にうまく納まっている。

日本橋中央通りの年齢は、橋を中心とした五六のビルを取り上げてしらべたところ、平均生年は一九六七年と出た。事実、一九六〇年から七五年までの十五年間のものを数えると三七軒で、全体の三分の二に達する。それ以前のものは一〇軒、それ以後のものは九軒にすぎない。今の日本橋は主として高度経済成長期の前半に形成された。

図18　昭和34年ごろの渋谷・区役所通り

渋谷の公園通り

渋谷は新しい町である。明治時代のはじめには、街並を形成していたのは大山街道ぞいの宮益町と道玄坂の一部にすぎなかった。しかし、明治、大正を通じ、都市化

図19　渋谷の公園通り

は急速にすすんだ。すでに明治一八（一八八五）年に品川鉄道（現山手線）が開通し、大正末年以後、玉川電車、東横線、井の頭線などの私鉄交通網が整い、そして昭和一四（一九三九）年に渋谷浅草間の地下鉄が全通した。その時点で、渋谷はターミナルの町として一人前になったといってよい。ただ渋谷の繁華街は駅の近くの狭い範囲に限定されていた。

一方、渋谷の北側の広い高台は、明治のはじめまで武家屋敷の集まったところだったが、明治末年以後は代々木練兵場として知られていた。戦後は一時、占領軍の住むワシントンハイツとなったが、返還後は、広大な土地に、一九六四年の東京オリンピック施設、ＮＨＫ放送センター、代々木公園などが相次いでつくられた。

当然、駅付近と高台のあいだの町は活気をおびる。公園通りは、西武デパートＢ館と二つの丸井に囲まれた一角から発し、坂を登りきって左にＮＨＫ放送センター、右に代々木競技場が望める交差点で終わる。この通りが、

かつてどれほどさびれていたかは一九五九年の撮影といわれる図18の写真が如実に示すだろう。写真の奥のほうが渋谷駅、通りの向かって右側に今はパルコらが並ぶのだ。通りは、一九七〇年代になってから、しゃれた街路灯をつけたり、歩道を拡幅したりして売り出した。そして、一九七九年に名称を元の区役所通りから公園通りに改めた。

図18の通りの右側の、現在の姿を示す連続立面図を図19に挙げる。左から平成信用金庫本店、ヒューマックスパビリオン、西武渋谷パーキングセンター、シブヤ西武シード、東京山手教会、ＧＡＰ、パルコパート1。パルコの三店舗はこの通りの代表格だが、パルコパート1（一九七三年）ができたとき、すでに存在していたのは西武パーキングセンターと山手教会だけで、あとの四つは八〇年代後半から九〇年代の新しい建物である。これほどの新しい街並は都市中心部ではめずらしい。ヨーロッパだったら、ニュータウンのような新規開発を除くと、

こんな通りはちょっと考えられない。

道行く若者や設《しつら》えられたストリートファーニチャーも含めて、ネオ現代ビル中心の街並と総称してよいだろう。一見してどこの国の町かわからないところがある。一つにはアルファベットが優勢で、日本文字が見つけにくいからだが、もっと本質的には、街並が伝統から遊離してしまって、どこにも渋谷らしさというものがないからである。それでも、今は建物が見ごろでわるくないが、先に行って建物が疲れてきたらどうなるかと考えると心もとない。

渋谷・公園通りには、全部で四七軒のビルがあったが、平均生年は一九七七年と出た。内訳は、六〇年代が一一軒、七〇年代が一六軒、八〇年代が一五軒、九〇年代が五軒である。七〇年代と八〇年代の二十年間のものが、ほぼ三分の二を占める。公園通りはバブル崩壊期直前の姿をしているといってよい。

ヘントのグラスレイ

ベルギーのフランドル地方の町、ヘントの都市化は一〇世紀にはじまり、一四世紀前半の五〇年間は、人口六万四千人を擁する、アルプスの北側ではパリに次ぐ第二の大都市だったといわれる。この事実には意表をつかれる向きが多かろう。当時のヨーロッパにはまだ今日のような大都市はなかったのである。歴史の古さや、古い建築のおもしろさでは、ヘントは、ブリュッセルやブルッヘに比べて優るくらいだ。一一世紀以来交易が盛んになった港の中心に存するグラスレイのギルド集会所群や、ギルド商人たちの活動を庇護するように川の両岸にそそり建つ聖ニコラス教会と聖ミヒャエル教会を眺めるアングルはすばらしい。

ロマネスク様式は、だいたい一一世紀後半から一三世紀初頭にかけてのヨーロッパの建築様式をさすが、戦乱に明け暮れた北ヨーロッパが平和になったのもほぼ同じころである。したがって、ロマネスク様式より古い様式はまず残りえない。ロマネスク様式の建築が残っていれば、その町が古い証拠になる。ヘントには、そのロマネスク建築がいくつか現存する。市内の多くのロマネスク教会はどれも原形をとどめないほどの痛手を負ったが、郊外の聖ジョン教会が残っている。威圧的な城壁をもつフランドル伯の居城はかろうじて残っている。コールンマルクトでは一軒の住宅が残っている。そして、グラスレイでは次に述べる穀物倉庫が残っているのである。

川岸にそったグラスレイの風景を図20に示す。写真の右端から連続して並ぶ六軒がすべて有名な建築で、いずれも切妻《きりづま》屋根の破風《はふ》を正面に見せる、堂々たる石造建築である。

8番は「石工のギルドホール」。この歴史的建築は、一五二七年に別の場所に建てられたが、一九世紀半ばには壊されてしまっていた。しかし一九一二年、グラスレイを飾るため、それは、現在の場所に、新しい砂岩を使って再建された。この建物は、ブラバント地方のゴシックの重要な実例である。9番は「穀物計量検査官の旧館」。一四三五年から一五四〇年まで穀物計量検査官たちが集会場としていたが、後述の新館に移転した。現在の建物は一六世紀前半からのものだ

9　10　11　12　13　14

が、心壁はもっと古い。煉瓦と白い石を使ったルネッサンス様式の階段状破風をもつ。この建物の右側に平屋根の小さな建物（10番）が見えるが、それは裏側にある母屋の離れが、ここに顔を出したのである。

11番がロマネスク様式の「穀物倉庫」である。古くは税として現物で徴収された穀類を保管した。石灰岩による、一目でロマネスクとわかる階段状ファサードは一二世紀末からのものと認められている。ただしこのファサードと側壁だけが当時のもので、他は一九世紀末の火事のあと修復された。

12番は「港使用税徴収官の建物」。見落としそうなほど小さい家だが、れっきとしたルネッサンスの切妻屋根をもっている。破風の渦形装飾に一六八二年とある。13番は「穀物計量検査官の新館」。穀物計量検査官たちは一五四〇年にここにあった古い家を買い、その家の前面に一六九八年、この町独特のルネッサンス様式の煉瓦造ファサードを建てた。おそら

図20　ヘントのグラスレイ

く一四世紀のものと思われる古い部分は今も裏側に残っている。14番は「自由船員組合のギルドホール」。元は製粉業界の建物だったが、一五三〇年に自由船員組合が買い取り、ファサードを一新した。扉の上には快速帆船が描かれ、リボン状の模様には一五三一年と記されている。砂岩による破風の造形は、ブラバント地方のゴシックのあらゆる特徴を兼ねそろえているといわれる。

以上の六軒のうち、8番と14番がともにゴシックで似ている。9番と13番がともにルネッサンスで似ている。以上六軒の左に並ぶ四つの建物の歴史的価値はやや低い。6番と7番は、新しい建材を使って建設当時ふつうだった様式につくっただけのものだから、根拠薄弱な模造的再建である。4番と5番は、一八世紀はじめ以来の建築でやや新しいし、デザインも今一つである。

グラスレイでは、一九一三年のヘント世界博覧会に向けて、その直前に徹底した修復と再建が行われた。石工のギルドホールのような丸ごとの再建は例外であるが、そのとき修復されなかった建築はないといっていい。要は修復の仕方の問題だ。一九世紀の仕上げ漆喰面の下層に発見されたオリジナルのファサード跡や、古い建築図面から明らかになったファサードデザインに基づいた修復なら、当初の建築と見なすことに問題はないのではないか。

グラスレイの景観は、この地でおこったさまざまな中世商人たちの活動を想起させる。個々の建築の立派なことは、彼らの権益が大きく、かつ裕福であったことを如実に物語るだろう。ただ右にふれたように、ここには多少のうそがある。一見、中世そのままのように見えるが、ある程度は人工的に見た目を整えた街並なのである。

グラスレイにある建物数は一四、それらの平均生年は私の流儀で計算するとなんと約一六二六年と出た。ここの河岸には、一二世紀末のものと推定されるロマネスク建築がある一方、二〇世紀はじめの折衷様式なのに、ずいぶん古く見える郵便局（写真には写っていない）がある。平均的雰囲気として、一七世紀前半はいいところだ。いくら建築でも四百歳に近いとは大した高齢だが、この建築たち、まだしゃんとしているではないか。

ザルツブルクのアルターマルクト

オーストリアのザルツブルクはアルプスの北側の町ではあるが、イタリアにも近い。一六世紀末に大司教——この町では世俗の領主を兼ねる——になったヴォルフ・ディートリヒ・フォン・ライテナウは、ローマで育ちメディチ家と親しかったという代表的なルネッサンス人で、イタリアの建築家を招いてこの町を「北のローマ」にしようとした。事実、現在の町の骨格はそのころ形成されている。彼の理想は、私生活の放縦をローマの法廷でとがめられて挫折したが、彼につづく大司教たちも、イタリアを範とする町の建設をつづけ、一七世紀中には今われわれが見るような旧市街を完成させた。

その後は、ザルツブルクでもバロック化があったが、ウィーンにおけるような極端なバロックは現れず、ましてリングに並んだ雑多な様式やそのあとを襲った近代化運動は姿を見せなかった。その代わり、ザルツブルクの市民住宅では色彩に話題がある。

一七世紀前半に描かれた作者不詳のパノラマ風油絵を見ると、大抵のファサードは白だが、ときにグレイ、緑、黄土色などのものが混ざっている。緑のファサードには、アーケード・アーチや窓枠に黄の縁取りがある。別の絵では、ファサードのえぐり（外側にめくれるように出っ張った上端の帯状部分）が赤茶または緑の強い色で、看板を兼ねているものがあった。アルターマルクト3番の家を黄緑の濃淡二色で、4番の家を濃い緑で描いた絵もあった。当時からザルツブルクは部分的にはカラフルだったのだ。

しかし、一九世紀には不況の時代が長くつづき、色が使いにくくなったのか、無彩色のファサ

13　14　15　1　2

ードが増え、町はひどくよごれ荒れ果てたという。やっと一九世紀も七〇年代になって、いくつかの市民住宅が修復された。当時、よく使われた色彩は、もっぱら自然石に近い、グレイ、灰赤、灰緑のような色彩だった。建物を自然石に似た色に塗るのは、漆喰塗りを人に石造と見まちがえさせたかったからである。

本格的な色彩化の時代は一九二〇年代にやってきた。アルターマルクト1番の家はインド赤と黄で豊かに彩色された。狭い路地をはさんだその横合いの家は、黄の目地で分割された青に塗られた。二つの大戦のあいだは、総じてこのような強い彩色が多く用いられたが、第二次大戦後にいたると、明るいクリーム色のパステルカラーが優勢になる。

アルターマルクトの現状の連続立面図を図21に示す。左端からの七軒が西側の、右に離れた二軒は手前に折れて北側の、すべて市民住宅である。ファサード

図21　ザルツブルクのアルターマルクト

から見ると、これらの建物の屋根は水平かと思えるが、そうではない。アルプスの強い雨にはのこぎりの歯のようなギザギザの屋根がふさわしいが、そのような「溝屋根」がファサードの裏にかくされている。

　これらの建設はおおむね一六世紀だが、その後、ファサードはつくり替えられ、漆喰はくりかえし塗りなおされている。現在の破風《はふ》装飾、窓額縁、窓庇《まどびさし》、軒蛇腹《のきじゃばら》などはあらかた一八〇〇年前後のものだ。ファサード色彩は大戦後の色調だが、色相は塗り替えの際変えられることがある。一階部分はほとんどすべて二〇世紀になってから改修された。写真撮影時のファサードの色彩は、9番が紫、10番が青、11番が黄土、12番がピンク、13番がクリーム、14番がクリーム、15番が黄土、そして1番がピンク、2番が黄緑だが、すべて明るく淡いパステルカラーである。

　各建物の一階部分だけ眺めると、二〇世紀初頭のデザインらしい曲線が目立つが、二階から上にはよけいなものが一切なく、階高が六階にそろっていて、むしろ単調なくらいだ。色を少しずつ変える今の流儀がしごく当然と思える。

9番はよく知られたカフェ・トマセーリで、テラス張り出し部分は第二次大戦前のデザインだ。10番と11番のあいだにはめずらしくすきまがあり、そこには「ザルツブルクでもっとも小さい家」である、平屋の眼鏡屋がある（10a番）。1番は、前に「インド赤と黄で豊かに彩色された」と述べた家だが、現在はピンクに塗られている。2番は装飾が多く、階ごとに窓額縁デザインがちがう。窓庇でいうと、二階は水平線、三階は折れ線、四階は曲率をもった線という具合だ。ファサード色彩は一口でいうと黄緑だが、一階部分の黄緑や窓庇の黄緑は微妙にちがうし、窓まわりには部分的に黄土色も使われている。

ザルツブルクのアルターマルクトに面する一六の建物の平均生年を計算したら、一七九三年だった。これにはやや説明を要する。この広場の市民住宅はおおむね一六世紀の建設といわれるが、ファサードは一八〇〇年前後に大幅に修復された。そのうち、一七五〇年ころの修復ではバロック化が多いのに対し、一九世紀がすすんでからの修復では、一度バロック化されたものの装飾を取りはらう単純化が多い。いずれにしても、ファサードの最終修復によって現在の見かけができまっていると考え、最終修復の時期をもって生年とした。で、生年の平均は一八世紀末に落ち着いたのである。

その際、ファサードの漆喰が現在の色彩に塗り替えられた時期は考慮に入れなかった。各建物の漆喰が当初何色だったかは、今日とうていしらべられない。漆喰は長いあいだに数えきれないくらい塗りなおされるからだ。現在の、色相の異なるパステルカラーを建物ごとにあてがう技法は、大戦後少し経ってからというほどに新しい。一階部分の、同じように新しい商業的改修も、もちろん考えに入れなかった。

この広場の生年を一八世紀末と見なすことは、それより二百年以上古い建設時期と、二百年近く新しいファサード色彩や一階商店の成った時期との中間に当たる。現代人の受ける印象からしても、妥当な数字ではないだろうか。

ウィーンのマリアヒルフ通り

ウィーンといえば、一般には歴史の古い都市と理解されている。しかし、ここで取り上げるのは、歴史が思いっきりつまったインネレ・シュタットの街路ではなく、インネレ・シュタットから放射状に各方向へのびる道路の一つで、西へ向かうマリアヒルフ通りである。それは中世には原野をつきすすむ山腹道路だった。ウィーンがトルコ軍に包囲された場面の絵によると、当時は家がところどころに建っているにすぎず、連続した家並みにはなっていない。

近世になって都市の膨張が急速になると、マリアヒルフ通りも当然、都市化するのだが、そのころ以来ヨーロッパの実力のある大都市は西方向に勢ぞろいするので、とくに西へ向かう道路の

重要性が増した。一八五八年、通りぞいに西駅が開設された。西駅は、ウィーンのいくつかのターミナル駅のなかでも、パリやロンドンとむすぶ国際列車の起点として最重要なターミナルである。一八六九年には、通りは市電網に組みこまれた。これで商店街としての発展が約束された。

新しい話をはさむが、その市電は今はもうない。ほかの大都市とちがってウィーンでは経済繁栄期に市電が撤去されることはなかったのだが、この通りにかぎって一九九〇年代に入ってから、市電が地下鉄とバスに取って代わられた。じつは、これは日本の都市におけるモータリゼイションの動きとは反対なのである。日本から行った私などは、ついにマリアヒルフ通りも自動車の町になるのかと思ったものだが、そうではなかった。市電撤去後の舗道の幅の広いこと！　バスやタクシーは広い舗道にはさまれた片道一車線の車道を窮屈そうに走っている。大通りはあらかた歩行者のものとなったのだ。

図22　ウィーンのマリアヒルフ通り

41-43　　45　　47

昔にもどって、西駅の開業と市電の敷設のあと、一九世紀末にはいくつかのデパートが開業した。そのころヘルツマンスキーの創業したヘルツマンスキー百貨店は、早くから通りでもっとも格の高いデパートだったが、ごく最近百年をこえる歴史を閉じた。その建物の横町側に一八九七年当時のファサードが原型のまま保存されている。このファサードもデパートとともに消えてしまうのであろうか。同じころ創業のゲルングロス百貨店は、一九八〇年に火事を出したが、そのあと修復されている。

図22に、マリアヒルフ通りのなかほど南側のいくつかのビルをお見せする。

41—43番は、第二次大戦後比較的すぐの建物である。そのころのものは、今見ると味気ない感じがぬぐえない。45番は、ウィーンで人気のある劇作家で喜劇役者だったフェルディナント・ライムントの生まれた家である。このビルだけ背が低くて古そうに見えよう。事実この辺では例外的な一七〇〇年代末の古い家で、もともと三階建てだったのを一八六三年に上へ増築した。黄色みの強い漆喰の色はかなり古くからのものと推定される。

47番はコの字型の巨大なビルだ。街路に接する中庭は奥行が三〇メートル、その中庭つき当りの中央を対称軸とする左右対称のビルは一九一一年のもの。ただし下から三階分はすっかり現代風に改装されている。49番も同じ建築家による同じ年のビルだから似ているが、左右対称がちょっとくずれている。こういうときはまず建設時に設計変更があったと見てよい。51番ももう一つ一九一一年のビル、これは左右対称であるが、改装された一階部分がそうなっていないのは仕方がないか。53番は一九〇八年のビルだが、シンプルな外装にもかかわらず、左右対称は守っている点を注意されたい。

建築の左右対称は、ヘントやザルツブルクについてもいえる。前者は川岸、後者は広場だから、各建築はじっくり眺められやすい。左右対称が意図された理由は一応明らかだ。それら二つに比べて、マリアヒルフ通りでは個々の建築が、図のように正面から眺められることはまれである。買物客は舗道を歩くとき、現代商店街の雰囲気にすっかり順応してしまって、頭の上に世紀転換期の古めかしいビルが存在することなど意識もしないだろう。通りの向かい側を見るときでも、目的は店さがしだからビルを意識的には眺めないだろう。まして対称性を考慮に入れて建築を鑑賞する――そんな人がいるとは思えない。それでも左右対称に固執するのがヨーロッパ流なのである。

ヨーロッパ流といえば、古い建物の一階または中二階を含む一―二階を申し合わせたように商業用に改装するのも、ヨーロッパ共通のやり方だ。各都市とも、法令で古い建物の下層階の改修を許し、下層階の看板や広告を認める一方、上階に手をふれることを禁止している。マリアヒルフ通りの規制がややゆるいことは、47番の改装が派手に三階にまで及んでいて、看板の文字の大きさや突出度が日本並みであることからわかる。ザルツブルク（図21）における一階の改装がはるかに謙虚なことと比べられたい。

ことのついでに、もう一点ヨーロッパ流を挙げるならば、街路に並ぶ各建物間のすきまがなく、ファサードが、まるで長屋のごとくつながって見えることがある。長屋というと聞こえがわるいが、すきまをなくすことで街並は整然とするのである。そのことは、ヘントやザルツブルクでも同様だが、とくにウィーンの図22では、建物の境目がわかりにくいほどだ。建物の大きさが同程度の日本橋（図16）と比べると、すきまを空けざるをえない日本流が、見た目では歴然と損をしている。

ウィーンにもどって、47番から53番までの四つのビルは、創業者時代末期の建物として一括される。ドイツとオーストリアでは普仏戦争（一八七〇―七一）のあと好景気の時代が長くつづき、会社の設立とビルの建設が盛んだった。戦争直後の短い時期を創業者時代と呼び、その余韻のつづく一九〇〇年前後の時代を創業者時代末期といっている。なお、創業者時代を「泡沫会社乱立時代」とした意訳が流布しているが、なかなかうまい。会社は知らないが、ビルは確かにちょっと安っぽいのである。しかし、そのちょっと安っぽいビルが、現代ビルに比べると立派に見えるからおもしろい。

マリアヒルフ通りは長い通りだが、街並の年齢は、入口から西駅までの一二〇の建物から推定した。ここには、もっとも古い一七〇〇年ころの建物から、新しい一九九〇年代の建物まであるが、主流を占めるのは世紀転換期の建物で、全体の六〇パーセントに近い。平均生年はほぼその時期、一九一三年と出た。

各街並の年齢

以上の六つの街路を概観したところで、各街並の年齢をまとめておく。

まず、日本の街並の平均生年は、川越が一九三二年、日本橋が一九六七年、渋谷・公園通りが一九七七年である。川越と日本橋の開きは三五年にも及び、蔵造りが川越に残って日本橋になくなった事実が、この数字によく現れている。日本橋と公園通りの差は十年だが、このわずかの差は大きい。最近まで建設の余地のあった公園通りが、八〇年代からポストモダニズムの影響を強く受けていくのに対して、すでに建物が密集していた日本橋は、今日でもモダニズムにとどまっている。街並の印象は、たった十年とは思えないほどちがう。

ヨーロッパの街並の平均生年は、ヘントが一六二六年、ザルツブルクが一七九三年、ウィーンが一九一三年である。一般に、ヨーロッパの街路には、日本におけるよりもはるかに古い建物が現存する。日本の町でも、社寺ならば十分に古い。しかし、ギルドホール、会社ビル、デパート、商店、市民住宅など、街並に同種のものが連続して出現するような種類の建物になると、日本には古いものが皆無だ。だから、街並の年齢を比較すると、桁ちがいな差になる。

以上の日欧六街路を古い順に並べると、ヘント、ザルツブルク、ウィーン、川越、日本橋、渋谷である。単に、ヨーロッパの街並は古く、日本のそれは新しい、ということでしかない。これでは当たり前すぎておもしろくないと思う向きが多いだろう。で、作為的ながら、日本でとくに古そうな町と、ヨーロッパでかなり新しそうな町を一つずつ調査に加えてみた。

日本で追加調査したのは、もっともよく江戸時代の街並を残していると定評のある奈良県橿原《かしはら》市今井町の御堂筋である。一向宗門徒が立てこもって今井に町をつくったのは一六世紀半ばの室町時代末期という。今日でも東西と南北に走る幅のせまい街路は創設期からほとんど変わらず、伝統的街並もかなりよく保存されている。御堂筋は、御坊である称念寺の表門が接し、大型町家が建ち並ぶ格の高い通りである。調査の結果、御堂筋の建物の平均生年はおよそ一八五一年だった。この通りにも、数軒の大戦後の住宅があるのだが、それらを含めても平均が幕末と出たとは、日本の町としては大した古さだ。

一方、ヨーロッパからは、ドイツの工業都市シュトゥットガルト随一の繁華街ケーニッヒ通りを追加調査した。シュトゥットガルトは、歴史や文化遺産には比較的乏しく、歴史上の人物としてダイムラーやベンツが出てくるような町である。自動車産業で知られていただけに、御多分にもれず大戦の被害は莫大だったが、戦後、この町は、ヨーロッパ風の昔にもどすという意味での「復旧」を取らなかった。ケーニッヒ通りは、ヨーロッパの大都市のメインストリートでは例外的に新建築の割合の大きい街路である。平均生年の計算結果は一九六二年であった。

　右の二つを加えた八つの街路と平均生年を古い順に並べる。

ヘント	グラスレイ	一六二六年
ザルツブルク	アルターマルクト	一七九三年
今井	御堂筋	一八五一年
ウィーン	マリアヒルフ通り	一九一三年
川越	一番街	一九三二年
シュトゥットガルト	ケーニッヒ通り	一九六二年
日本橋	中央通り	一九六七年
渋谷	公園通り	一九七七年

　少しおもしろくなってきたと思うがどうであろうか。右の町のいくつかをご存じの方にとっては、この表から、いろいろなことが思いおこされよう。

私の印象ではヨーロッパの街並は、年をとっていても、くたびれてはいない。ヘントとザルツブルクでは、古い石造をよくもたせている。ウィーンのマリアヒルフ通りは下層階の大胆な改装で、日本橋とちがわないくらいに若く見える。シュトユットガルトのケーニッヒ通りは、整然とした都市計画にもとづいており、維持管理も行き届いている。これが日本橋より年長とはちょっと信じられない。むしろ渋谷と同い年くらいに見える。

くたびれて見えないということは、ヨーロッパの街並が、多少の年齢の幅はあっても、充実したライフステージにあることの証明になろう。わるい意味での古さはなく、古さからにじみ出る貫禄、重み、厚みなどが効果を発揮している。高度経済成長期がいつ終わるか想像もできないほどに勢いがよかったころは、「ヨーロッパは古い！」と鼻であしらわれたかもしれない。しかし今は新しい町ばかりの日本が苦境に立っている。日本の新しさは常に安っぽさと隣り合わせだからだ。

第五章　街並のマンダラ性というもの

日本の街並は開放系である

人間生活における本の重要性はコンピューターの時代になっても変わらないようだ。図書館が充実したから借りてくればすむともいえない。確かに知恵をしぼれば蔵書は減らせるようにはなったが、学者や文筆家は相変わらず本に埋もれて生活しているだろう。

「あんまりものはいらない。本をいっぱい並べた部屋も大嫌いだ」と書いている吉田秀和のような人は例外である。この言葉は、いかにも筆の速そうな音楽評論家にはぴったりだが、余人は真似しがたい。一般には、資料が足りないとそこで筆が止まってしまって、仕事にならないところぼすのが落ちだろう。

街並と書棚の類似性という観点からすれば、吉田が空気のよい山村を散歩しているのに対し、本に埋もれて仕事をする人たちは、都会の雑踏のなかを次の約束場所に向かっていそいでいるくらいのちがいがある。日本人の書斎でよくあるのは、本が棚からあふれかえって、縦に並んだ本たちの上に本が横向きに積んであるくらいはいい方で、机に積んである、本棚以外の棚に積んである、床に積んである、などの風景だ。本棚の裏側に押しこめられている本もある。その上、本棚のすきまや手前には、装飾用の陶器、置物のガラス、地球儀、ドライフラワー、洋酒のびん、積み重なった整理箱、なにかの記念品や賞品、さまざまな形のブックエンドなどが混ざっている。

本棚は小物置き場に便利なので、目ざまし時計や電卓やメモ帳やカセットテープや、毎日もって出る財布や定期入れなどもおいてある。さらに、もっとこまかい鋲《びょう》、クリップ、マジック、ネクタイピン、はだかの小銭、そしてほこりの玉までである。

しかし私は、だから日本人の書斎はきたないと速断するつもりはない。これはこれで一つの文化の形である。本のほかに異物が共存して全体が混成状態になるのは、いかにも日本的だが、そのことと、きれいきたないはまた別である。ほこりの玉といったのも、日本にほこりが多いことに注意をうながしたかったからで、とくにきたないといったのではない。こうした雑然とした書斎のなかで、なんとなく恰好がついていてなるほどと思わせるものと、もう少しなんとかならないかというものがあるのである。

日本の街並の雑然とした様は、異物が共存して混成状態になっている点、右のような書斎と同じである。街並では、個々の異質な構成要素が巨大で、しかも半永久的に混ざり合っているから、その混成のさまは解消されることがない。建築物だけを選んで、つまり異物を除いて街並を論じても、現実にはあまり意味がないのである。寺田寅彦は、中国文化が洪水のように流れこんできた奈良時代このかた日本の都市は乱雑だったという。その通りなのだろうが、都市の構成要素を一つ一つ点検してみれば、現代ほどのすごい混成状態は過去にはなかったことが明らかになる。

かりに第二次大戦前の東京における、建築以外の構成要素をひろうならば、次のようなものが挙げられる。

自転車、リヤカー、人力車、大八車、黒い乗用車、バス、市電、黒ずんだ鉄道、
電柱、電線、街路灯、道路の柵、橋、舟、電話ボックス、ごみ箱、街路樹、
交通信号機、表札、店名表示看板、恒常的広告、臨時の布または紙の広告、ネオンサイン、
鉢植えなどの植物、洗濯物、干し布団、そして町を往く和服または洋服に身を包んだ人物たち。

現代の、同じく建築以外の構成要素を並べると次のようになる。この場合、対照しやすいように、戦前と共通のものも同じ順番にくりかえして書く。

自転車、バイク、カラフルなマイカーとタクシー、宅配便からミキサー車にいたるトラック類、観光バスを含むバス類、新幹線やモノレールを含むありとあらゆる鉄道、
電柱、電線、アンテナ類、街路灯、道路の柵、ガードレール、橋、歩道橋、高速道路、路上のペンキ書き交通標識、黄色い点字ブロック、路面のタイル模様、電話または電話ボックス、
長椅子、ごみ箱、街路樹、
自動車用ならびに歩行者用交通信号機、交通や道案内の標識、住居表示パネル、街頭掲示板、
店名表示看板とくにそで看板、恒常的広告、臨時の布または紙の広告、広告塔、ネオンサイ

ン、電光掲示板、液晶大画面、自動販売機、鉢植えなどの植物、数は減ったが洗濯物や干し布団、ごみ袋、犬やカラス、そして人種の入り乱れた髪も服もカラフルな人間たち、なかには高齢者や身障者も目立つ。

とてもきちんとは書き出せない。存在はしても目立たないものはぬかしている。一見したところ、構成要素の項目数でいえば、戦前から現代までのあいだの混成状態の進展はせいぜい倍加した程度だ。軽く受け取れば、項目数は戦前は適量、現代はやや過剰くらいとも受け取れる。しかし、もともと建物に正面性がない、いいかえればファサードという言葉をもたなかった国なのである。この国では、昔から西欧化または工業化によって都市に進入してきたものどもには、建物の表面か近傍のどこかに、いつでもたちどころに居所があたえられてきた。まして、現代は数量増大化、カラー化、情報化の時代である。一口に広告なり標識なりというが、それらは情報化時代の波に乗って今、徹底的ににぎやかな存在である。また、自動車といい、電車という言葉は昔と同じでも、現今のそれらの、台数が途方もなく増えていること、多種多様なものが走っていること、会社や路線ごとに色彩がちがうこと、車体全面に広告を貼りつけたものすらあることなどを考えてもみよ。闖入物に居場所をあたえやすいという日本の都市の性質は同じでも、その闖入物のあり様は前代未聞なのだ。

その意味では、日本の街並の混成状態がとどまるところを知らないかのように進展した事実は、その街並がなんでも受け入れる開いた系、すなわち開放系であることの結果だといってよい。

完璧な映像ではなく

西洋人には、開放系の町をあるがままに観察することは、がまんならないらしい。

サイデンステッカーはこういう。「東京では、すぐ目の前にある風景だけを眺め、その向うにあるものは視野から除く技術を身につけないと風景を楽しむことはできないが、明治も中頃以後は同じことが言えたのではないかと思う。例えば浅草から吾妻橋を渡るとして、遠景に見える煙突や煤煙や、電柱や電線を美しいと思うのならともかく、この技術を駆使する必要があったろう。しかし前景に見える川の景色は、まことに心を楽しませてくれるものだったに相違ない」。（サイデンステッカー『東京下町山の手1867–1923』安西徹雄訳）

ライシャワーも、日本の町の見方として、「コンパートメンタライゼーション」という言葉を使ったそうである。日本人はものを見るとき、コンパートメント、つまり箱の形に切り取って都合のいいところだけ見る。都市のきたないところは箱の外だと（丸谷才一、山崎正和『半日の客一夜の友』）。

彼らは景色の構図を重視するのである。われわれでも、カメラをもつとあれこれ構図にうるさくなる。キャンバスを構えるときももちろん構図にうるさくなろう。しかし、なまの視覚はもう少し自由だ。

類まれな登山家、ウィンパーの次のような考察も、論理的でたいへんよくわかるが、日本人からすれば少し窮屈な感じがする。「高い山からの眺望は、疑いもなく素晴しいものである。しかしそれらの眺望には、絵として大切な、中心点となる孤立したものがどうしても欠けているのである。目は、数限りもない山々（おそらく一つ一つの山としては雄大なのだろうが）の上を、たださまよっていき、あまりにも山の数が多いために、注意が散漫となって、次から次へと目が移り、そして一つひとつの印象が、次から次へと消されていくのである」。そして彼は、「山の風景を眺めるのに、最も素晴しく、最も満足のいく場所は、高さの感じを与えると同時に、下へ切れ落ちているという感じも与える場所で、それはまた広い範囲にわたる変化に富んだ展望を見せてくれるだけの高度にあり、しかもあらゆるものを、見る人の高さより低くしてしまうくらい高くない場所であると思う」（ウィンパー『アルプス登攀記《とうはん》』浦松佐美太郎訳）、という。

景色の美しさとは、まさにウィンパーのいう通りのものにちがいない。今日、アルプスの高山の中腹には、乗物によって到達できる展望台が数えきれないほどつくられていて、どこも大にぎわいであることが、彼の考察の正しさを証明する。私などもそういう展望台を楽しませてもらっている一人だが、ぜいたくをいえば型通りの映像重視が過ぎるかな、とふと思う。ミシュランの三つ星すなわち「わざわざ訪ねる価値あり」の景色にも、ときに疑問を感じる。この場合はさまざまな景色が含まれるが、概して視界が広くて、視界内に中心があって、しかしどこにもキズがない映像——それが西洋人好みの映像であることはうたがいないが——が重視されすぎている。

このような考え方と、プロセニアムアーチでがっちり縁取られたオペラや演劇の舞台のあり様は共通だ。西欧流では、演出家は、観客に見せるべきものだけを最高の構図で見せ、よけいなものは見せない。近代の、舞台設備が高度に発達して以後の劇場は、どこも西欧流の演出にとって不具合のないようにできている。

一つの極端は、リヒャルト・ヴァーグナーが自作オペラの上演のために建てたバイロイトの祝祭劇場だ。一九世紀の基準でいえば、それは劇場というよりはオペラ視聴装置とでもいうべきものに近い。伝統的な馬蹄形の劇場とちがって、扇型をなすオーディトリアムにはスロープがついている。各座席の優劣は少なく、どこからも相似た舞台が見える。そしてオーケストラボックスは覆いをつけて客席から見せない。闇のなか、視界に入るのは舞台だけ。現実離れのした、ラインの乙女たちの泳ぐライン川の水底、神々の住む天上の神殿、小人たちの押しこめられた地下の坑道など、「ニーベルングの指輪」の世界が、不思議なリアリティをもって観客の目に写るのである。

だが、あまりいわれないけれど、ヴァーグナーでとりわけ重要な、指揮者とオーケストラを観客の目からそっくりかくしてしまうのはどうなのだろうか。その劇場ができたころはまだ映画も発明されていなかったから、ニーベルンゲン伝説に由来する音楽劇をもったいぶって上演するのに、それが効果的な装置だったことは想像に難くない。しかし、現代のように映像がだれにでも容易に手に入る時代には、舞台の映像としての完全性よりもオペラの現場にいることの臨場感がだいじになる。観客は、指揮者やオーケストラの姿を見たかろう。音もこもった反射音ではなく、生々しい直接音を聞きたかろう。

西洋人の好きな完璧な映像のよさはわかるけれど、それですべてを律することには無理がある。

なんでもありの街並

日本の舞台は、西洋とはまったく異なる哲学を基礎につくられている。

能舞台だと、それは観客席の空間内に入りこんでいるから、正面もあれば側面もある。揚幕《あげまく》から舞台にいたる橋懸《はしがかり》がある。舞台正面の階段、白州梯子《しらすばしご》は、今は使わないが舞台と客席の行き来を可能にする設えだ。シテは観客の目の前で、面をつけたり、取り替えたりする。後見が演技の途中で、シテの衣裳を直したり、着替えさせたりする。

歌舞伎の舞台はもっとはっきり客席から切り離されていて、そこだけ取り上げれば西欧風の映像が見られそうだが、事実はそのなかで、雛壇に並んだ唄方や三味線弾きたちが主役になっていることもあれば、役者の衣裳直しや早変わりを助けるための黒子が活躍していることもある。花道という、客席を縦に突っ切る通路のユニークなことはいうまでもない。「勧進帳」の最後、弁慶が飛六法《とびろっぽう》で花道から引っこむ場面の迫力はだれも一度見たら忘れられないが、あれは客席内の真ん中での演技だからすごいのだ。

文楽の人形遣いは、黒い布をかぶっていても、たいへん目立つ。まして黒い布をぬいだ出遣いは、人形以上に、見せる存在である。なにしろ一つの人形に大の男が三人つくのだから、舞台上の、たとえば狭い部屋のなかに四体の人形がいるときは、そこは一二人の男でごったがえすことになる。およそ映像的完全性など意に介さない芸能だといわなくてはならない。文楽は、西欧風の人形劇の対極にある芸術であろう。

このように能でも歌舞伎でも文楽でも、プロセニアムアーチの枠内にリアルな映像を構成することで満足する世界とはおよそかけ離れた舞台づくりだ。もともと舞台の道具立てが現実的でない上、舞台をつくる裏方――裏方のほんの一部にすぎないとしても――を舞台と一緒に見せる。西洋風の演劇では鑑賞者はできあがったものの単なる受け手であるのに対し、われわれの芸能では、鑑賞者はそれがつくりものであることを意識しながら、できあがりも楽しむという、一次元上《うえ》の立場にいる。といっても、私はここで日本芸能の優位性をいうつもりはない。その話は簡単ではない。ただ、少なくともわれわれが視覚的に不純なものの混ざった映像を積極的に評価することだけは確かだ。

似たようなものの考え方は日本の商店街にも見られる。寿司屋では、板前が腕をふるうところを馴染み客にそっくり見せるシステムができている。うなぎ屋では、街路ぞいの出入り客から見える調理場でうなぎを焼くものだから、煙もにおいも街頭に立ちこめる。あまりなくなったが、畳屋の店頭は工場のようなもので、昔の職人は路上で畳づくりをしていた。赤い毛氈《もうせん》の目立つ茶店は、今は観光地にしかないが、かつては町の路上のあちこちにあって、遠くからはっきりわかった。ふつうの商店のなかで表も裏もないものとしては八百屋が代表的であろう。八百屋も今はあらかたスーパーに取って代わられたが、かつての八百屋は、なんでも屋の比喩になるほどに、店の奥から路上まであらゆる野菜をごたごたにおいていた。どの場合も、キズのない、よそゆきの映像とは無縁である。

そのような風景が西洋人たちにめずらしかった証拠に、開国以来の彼らの日本訪問記に「開けっ放し」の記述がよく出てくる。たとえば、「すべての店の表は開けっ放しになっていて、なかが見え、うしろにはかならず小さな庭があり、それに、家人たちはすわったまま働いたり、遊んだり、手でどんな仕事をしているかということ——朝食、昼寝、そのあとの行水、女の家事、はだかの子供たちの遊戯・男の商取引や手細工——などがなんでも見える。であるから、家という家がみな日本人のあらゆる面を知るための縮図をなしている」(オールコック『大君の都』山口光朔訳)、のように。これは南国的な長崎について述べた部分だが、日本のあらかたの町に当てはまろう。

商店街の開放系の伝統は、建物の安っぽさと表裏一体である。ものの順序からいえば、建物の安っぽさというか、建物の内部がすかすかに透けて見えることが、おそらく開放系の基本にある。じっさい安普請《やすぶしん》の建物では、看板や広告や、外から見通せる商品、外へはみ出した商品などが、建物と一体になって商店街の恰好をつけているようだ。

世間一般の常識は、看板や広告が減れば減るほど町は美しくなるというものであろう。私も昔はそうにちがいないと考えていた。ところが、ことはそう簡単ではないのである。コンピューターグラフィックスの技術によれば、看板や広告で埋まっている商店街の写真から、看板と広告を取り去ることができる。取り去った空白には建物の地がつづいていると見えるように、その部分の建材のテクスチャーや色彩を付加する。そうするとヴァーチュアル・リアリティとしての、看板や広告が皆無という商店街の写真ができあがる。私たちもやってみたが、結果は予想を裏切るものだった。

安普請の商店街、とりわけ裏通りの飲食店街は、看板と広告を取りのけてもちっともよくならない。かえって廃墟のようなものさびしさが出て、気を滅入らせる。飲食店が、かえってきたならしくなる。考えてもみるがよい。「洋風に似て非なる建築」や看板建築程度の建物が独立で美しく見えることはめったにない。広告や貼り紙などが混ざっている方がごまかしがきくのだ。まして裏通りには、それらの建物のなかでも最下等のバラックが存在する。そのようなバラックは、いろいろな夾雑物《きょうざつぶつ》があるからこそ、なんとか見られるといっていい程度のものなのだ。

町の電柱や電線がきたないという声は久しいが、ちっとも変わらない。じつは、電柱や電線も、きたない街並には案外似合う。そういうことに電力会社が気がついているかどうかは知らないが、私は電線地中化は必ずしもどこででも望ましいというものではないと思っている。

バスやマイカーはもちろん夾雑物だが、これらがまた街並に似合うことがある。雑然とした商店の真ん前に車が停めてあると情景がひきしまる。比較的シンプルな現代ビル街にある車もわるくない。ただし、よく保存されている昔の和風商店街では車はひどく邪魔だ。自動車は日本の過去の文化に向かって進入してはいけない。

緑がちりばめられた東京

ヨーロッパの都市は石とコンクリートでこちこちに固められている。都市は、その周辺にある森や畑や牧場とも、また農村とも隔絶したものでなくてはならなかった。中世の町ではよく市壁が残っていて、壁の上や壁裏の通路を散策できるが、内側は建物がぎりぎりまで建っているのに対して、壁の外側は見渡すかぎり野原がつづくという、内外の断絶の徹底ぶりにおどろかされることがある。

近代以後の大都市では、もちろんそんなことはなく、適当にスプロールがおこっているが、概して中心部には樹木が少ない。その代わり、途方もない大公園がある。たとえば、ロンドンのハイドパークがそうだが、広すぎてちょっとした散歩に不向きなだけでなく、目印がなくて待ち合わせにも使えなければ、遮蔽物《しゃへいぶつ》がないから密会にも不便だろう。あの広さが機能的必要にかなうとは思えない。あれは、ロンドンの息苦しさを緩和するために、イングランドの野原をそっくりもってきたとでも考えないと理解できない代物だ。

ヨーロッパの大きな公園ないし緑地帯を知った人は、東京には緑がないという。なるほど都心の代表的緑地である日比谷公園でも、ハイドパークの一六分の一の面積しかない。公園の面積で比較するかぎり、東京の緑はほんとうに少ないのである。しかし、見方を変えると、東京にもけっして緑がないわけではない。緑は都市内のあちこちにこまかく、かつ案外たくさん混ざっている。

第一に皇居がある。一般人には無縁だけれど、空から写した写真によっても、周辺を回っても、その景観上の役割の大きさは否定できないであろう。第二に街路樹が多い。メインストリートには大抵樹木が並んでいる。より細い通りにも樹木が並んでいることがよくある。東京の街路植樹はマメなのだ。第三に小公園が多い。社寺の境内、川をつぶしてつくった遊歩道、学校や病院など公共建築の敷地を含めると、小公園に類する施設における樹木の総量は馬鹿にならない。第四に山の手を中心とした住宅の庭がある。植えこみのほかに、塀をこえて茂る木々の街並への寄与は小さくない。第五に下町を中心とした植木鉢がある。盆栽もあれば草花もあるが、地面、塀の上、何層もある棚などを埋めつくすようにおかれる植木鉢は、一つ一つは小さいけれど、数がまとまると存在感がある。

東京には緑がちりばめられている。とくに右の最後の二つ、山の手を中心とした住宅の庭と、下町を中心とした植木鉢は、日本文化独特の緑のあり方を典型的に示す。じつは、山の手らしい庭は、下町にもあるし、日本中にある。下町の植木鉢は山の手にもあるし、やはり日本中にある。緑の表現の二つの基本型なのだ。

山の手の住宅の庭は、江戸時代の下級武士の家にあった庭の伝統を引く。前に述べたが、下級武士の家は大名屋敷のミニチュアなのだから、その庭は、たとえば水戸侯上屋敷内にあった後楽園級の回遊式庭園のミニチュアといってよい。事実、小さくとも、築山《つきやま》、池、飛び石、灯籠、樹木などはそろっていた。それらでつくった構成物を各地の名勝に見立てるのが回遊式庭園のやり方なのだが、小さい庭ではそこまでは無理だったろう。しかし、庭師は名勝の香りくらいは出そうとしたのではないか。その意味では、山の手の住宅の庭は、人の入れる「箱庭」だった。

一方、下町の植木鉢は、おそらく江戸時代から今とそっくりの形で下町に存したものだと考えられる。一つや二つの植木鉢をファサードの前におくだけなら格別のことはないが、この場合、植物の種類の多さ、鉢の形や色の変化の大きさ、さらに加えて植物ごしに透かし見える建物内部の下町らしい風情が重なるので、たいへんに手がこんだ混成状態になる。こうしてできた建物の表面は、その家の主人が、工夫に工夫を重ねた上、せまいところにたくさんの鉢植えを詰めこんだ手づくりの成果であり、突飛なようだが幕の内弁当を連想させる。

ちなみに、右のような庭のつくりも、鉢植えの構成も、日本独特のもので、すぐ隣の韓国では見られない。韓国の庭は、われわれから見ると、ほとんど自然そのままで、四阿《あずまや》を囲む自然といった趣になる。箱庭のイメージからは遠い。また、鉢植えは韓国にもあるが、自然らしさを尊ぶので、日本ほどに人工的につくりこむことはないようだ。そういえば、幕の内弁当は日本のオリジナルであるらしい。

東京の緑は、皇居、街路樹、小公園として、さらに、山の手の庭や下町の植木鉢構成の形で存在し、町のなかの重要な構成要素となっている。緑が都市内にちらばって建築やその他の造作と混ざり合っていることは、国内のほかの都市にも共通だ。その混ざり方は開放系の結果なのだろうが、ふとマンダラを思いださせられる。

京都の街並の重層性

ヨーロッパの古い町では、比較的狭い一時期に建設された建物群が集中的に存在するので、どこそこは中世の町、どこそこはルネッサンスの町、とラベルを貼って鑑賞することができる。さすがに大都市ともなると、時代のばらつきは増えるが、街路ごとにはそれとなく時代的統一があるから、やはり鑑賞しやすいといえよう。

日本でも、小さな町や村なら、ほとんど江戸時代の骨格のままに残された家屋ばかりというところがある。しかし、日本の古い大都市はまったくちがう。開放系が開放系である所以だろうが、過去のさまざまな時代の建築たちが混ざっていて、一本の通りにも時代が重層的に折り重なって見える。それは、西洋人にはもちろん、われわれ日本人にもたいへん読みにくい風景だ。代表的な古都、京都を例にして話そう。

京都は、八世紀末の平安京遷都以来の歴史を背負った町である。平安京は、規模は平城京よりやや大きく、形は南北にわずかに長い長方形だった。中央に東西を二分する朱雀大路《すざくのおおじ》があり、左右対称の東側を左京、西側を右京といった。朱雀大路の北端は大内裏《だいだいり》につき当たり、そこに内裏や諸官庁があった。町割は小路にいたるまで碁盤目状に整然と区画されていた。そして、左京の西南端に教王護国寺（一般には東寺という。創建七九四年）があった。

今日の町割りは幹線道路が拡幅されており、東寺もあらかたは桃山のころに再建されたものであるが、町割りも東寺もなお平安時代を思い出させるよすがである。やがて平安のうちに、中国風の左右対称はくずれ、右京は衰微して内裏も左京に移り、左京は賀茂川をこえて東山に連なるようになった。当時のものでは、醍醐寺五重塔（九五二年）が独り現存するが、院政の拠点であった白河、鳥羽や、平氏が政権の根拠地とした六波羅などの、重要な建物はまったく残っていない。六波羅密寺も南北朝時代に再建されたものである。

鎌倉時代には浄土宗総本山の知恩院（一二三四年）や、浄土真宗の二大本山である東西両本願寺（一三世紀後半以後）が建てられた。ただし、現在の知恩院と西本願寺の堂宇は江戸初期のもの、東本願寺の堂宇は明治のものである。室町時代の遺産では、足利義政の銀閣（一四八九年）は元のままだが、義満の金閣（一三九七年）は昭和二五（一四五〇年）年に焼失後、再建されたものである。

桃山の豊臣秀吉がつくった聚落第（一五八七年）の華麗壮大ぶりは、まもなく取り壊されてしまったので、想像するほかはない。秀吉はまた、伏見城（一五九四年）を建設し、伏見を城下町化した。城はなくなったが、伏見の町の道路網や外堀に当たる濠川は、当時の遺構を伝える。江戸時代に入って、徳川家康は大内裏跡の一角に二条城（一六〇三年）を建てたが、そのうちの二の丸御殿が残っており、豪華絢爛たる桃山の残り香を今に伝える。ほかに宮廷文化を担った桂離宮（一六二〇年ごろ以後）や修学院離宮（一六五九年）はそっくり残っている。

平安京はしばしば戦乱や大火に見舞われたので、どの時代の建物も多くは失われたらそれっきりだった。よほど由緒のある建物だけが、原型に近い形に再建、再々建されたと考えられる。由来は古くまでたどれるが、じつは後世の作といわねばならないものが大半なのだ。ようやく一七世紀ごろからのものに至って、オリジナルな姿を保つ建築が増えてくる。

武家の住まいや商工業にたずさわる町人の家の場合は、一度失われたものを元通りにする意味はないから、古いものはどんどんなくなっていったろう。ただ、日本住宅では、時代による様式の移り変わりは微妙だったから、外観上は以前とあまりちがわないものが建てつづけられたようだ。いわゆる「町家」の形が完成したのは江戸時代の中頃のことといわれている。

以上のあらっぽい概観からも想像されるだろうが、京都の街並は、時代様式的に粒がそろっている西欧風の街並からはほど遠い。そうしたなかで、清水産寧坂《きよみずさんねんざか》と祇園新橋《ぎおんしんばし》の街並は例外的によく整っている。単体建築の保存が早くから合意されたのとちがって、これらの街並の修復と保存は、昭和四〇年代になってからようやく市によって手がつけられはじめた。清水産寧坂では、江戸時代の虫籠窓《むしこ》をもつ町家に加えて、明治以後の数寄屋風町家も入り混じっているとはいえ、江戸期につながる一貫した味の商店街をつくっている。一方、祇園新橋では、京格子《きょうごうし》と簾《すだれ》が打ちつづく江戸末期の茶屋が混じり気なく並んで見えるのがごくめずらしい。

右のような例外を除くと、京都のあらかたの街並には長い歴史がもっと無造作に折り重なっている。京都をいつの時代の町と特定することはできない。しかも、京都もまた明治維新以来の西欧化、さらには大戦後の現代都市化の荒波をかぶっている。旧市内でも、基調になっているのは現代の街並であり、そのなかに右に述べたような歴史的建築物が一つ、二つか、運がよければいくつか重なって見える程度なのである。

京都における歴史的重層性とは、世界地理的な重層性でもある。ここには、平安の昔から神道の自然な色と中国文化の極彩色が混在していた。中国経由のインド文化も事実上混ざっていた。大陸の文化の影響は常に大きかったろうが、そこから町家、茶室、桂離宮など、日本独特と考えられる文化も育ってきた。明治以後は西欧文化がプレモダニズム、モダニズム、ポストモダニズムなどの様式ともども進入してきた。さまざまな文化の重なり合いは国内のどの都市でも見られるとはいえ、八世紀末から明治元年まで都であったという歴史的事実のもたらした町の姿が、異物をなんでも受け入れる開放系文化の最上の見本になった。それは、いいかえれば、現代の、もっともよくできたマンダラといってよいのかもしれない。

街並のなかの西洋産文化

日本の都市では外国産の文化がそのままの形で街並の構成要素になる。自国の文化の独自性を守ることよりも、輸入文化の洪水に身をまかせるのが、われわれの取ってきたスタンスだった。文化といったけれども、こういう話のとき、われわれが主に考えるのは技術や芸術が形になったものである。そういう外国産の文化は次から次へとやってくるのだから、手を加えることなくただちに居場所をあたえないと間に合わない。文学だけは、言葉が通じないから翻訳という手続を経たが、幸か不幸か建築や美術などの造形物はそのままでよくわかる、少なくともわかった気にさせられる。だから、手を加えずに町に放り出せば、ただちに市民権をもった。

日本の文化を雑種文化といった人がいるが、それは言葉づかいとしてはやや不適当なように思う。雑種ならば異種の雌雄間に生まれたものだから、雑種犬のように血統がわからなくなるところだが、そうはならない。外国産文化が何の変形も受けず都市のなかで存在を主張する一方、下降線をたどっているとはいえ国産文化も元のまま残っているのである。古い建築では和風と唐様《からよう》が共存した。和風は今も住宅や旅館にわずかに残っているが、現代ビルは当然すべて洋風になった。その洋風が、赤煉瓦と白い石を組み合わせたアン女王様式、装飾の少ないタイル張りの一九世紀末シカゴ・ビル型、ガラス中心に壁面構成された現代ガラス箱型、そして、ポストモダニズム以後の外国人建築家の手になる外国産オリジナルなどに細分される。さまざまな様式が共存するのは、雑種ではなく、混成というべきであろう。

日本文化を他国の文化と交配させたりせず、外国のものは外国のもののまま存在させるところに、辺境の地の知恵があるのだと思う。もし文化の交配が外国文化受容の主要な方法だったとしたら、日本文化の原型など跡形もなくなっていただろう。時代により、この国でも、和洋折衷様式が優勢であったことがある。しかし、折衷様式は長い目で見ると淘汰されるようである。

建築物以外の構成要素を眺めてみると、現今の街路灯、電話ボックス、長椅子などのストリートファーニチャーにしろ、バス、モノレール、新幹線などの乗物にしろ、西洋のデザインがいつの間にか国際的なデザインとして通用するようになったものが大半である。和風らしいものはよほど探さないとないが、それでも日本文字、日本瓦、暖簾《のれん》、幟《のぼり》、塀、照葉樹などを挙げることができる。折衷らしい折衷はほとんどない。

比較のために生活全般を眺め渡すと、まずインテリアでは、テーブルと椅子のある洋室が圧倒的勢力をもっていると同時に、畳の部屋も数は少なくても厳然と残っている。座卓の下を掘りごたつ式にした席に座椅子があるのなどは和洋折衷だろうが、永続するとは思えない。衣では、洋服は九分通り和服を駆逐したが、和服も場合によりけりで完全に残っている。様式の独立性がもっともはっきりしているのは食であろう。洋食和食という大分類もあることはあるが、それよりも各国料理専門店——西洋だけでなくアジアの国々のも——が国の数だけ種類があるかと思えるほど目白押しだ。和食は相対的には劣勢だが、和食のなかの各種料理は侵しがたく独立している。衣食どちらの場合も、折衷はにせものでしかない。

街並の話にもどると、現代人は日本の街並のなかに外国産——この場合の外国産とはあらかたは西欧産の意味である——の構成要素がどのくらい混ざっているかなど、考えたこともないであろう。一つ一つの対象について出自《しゅつじ》をたどったりするのは、戦前の町を知っている年配者にかぎられる。物心がついたときから西欧産の文化のなかに浸っている若い人たちは、もはや何が西欧産だかわからない。いや、むしろこの国籍不明の街並を自分たちの原風景と認識しているのだ。そして、江戸時代の雰囲気を残した古い町を、欧米からきた旅行者並みに、エキゾチックと受け取って楽しむのだと思う。

ことほど左様に、今の日本で西欧産の文化は当たり前のものである。さまざまな西欧産文化がやや劣勢な日本文化と共存しているのがわれわれの街並だとすると、西欧産文化一つ一つのデザインがいいことはだいじだ。一つの電話ボックスの色が好ききらいの対象になる。一社の電車のデザインがその沿線のレベルをきめる。若い女性の群がる一つのブティック店舗の美しさがその界隈の先端性をリードする。

開放系の街並の美醜では、個々の構成要素の組合せを分析的に議論するのはむずかしい。構成要素の一つ二つは今、目の前でも増えるかもしれないのだから、要素相互の調和不調和の取り扱いはやりにくいのである。それよりも、個々の構成要素が美しいかきたないかが、結局は街並の美醜をきめると考えるのが実際的だ。

その際、西洋産の文化のなかでももっとも巨大な建築物が、決定的に重要であることは論を待たないであろう。最近は外国人建築家たちの日本における活躍が目立つ。総じて彼らのつくるオリジナルの水準はきわめて高い。それはちょうど、明治維新にお雇い外国人たちの煉瓦造建築がわれわれの国土にある秩序を与えたのに似て、現代のわれわれの町の混成状態を整頓するのに役立つ可能性がある。たとえば、ラファエル・ヴィニオリの東京国際フォーラムだが、あれは銀座・有楽町地区にくさびを打ちこんだように際立ち、あの界隈をすっきりさせたといえるのではないだろうか。

アルファベットと漢字

日本の都市のあらかた西欧化したはずの街並は、なぜかヨーロッパやアメリカの街並とははっきりとちがって見える。むろん風土もちがえば人間もちがうのだから当然といえば当然なのだが、私がとくに注意をうながしたいのは文字のちがいである。アルファベットが漢字に変わっただけで、町の印象がすっかり変わってしまう。くわしくいうと、アルファベットと数字が、漢字とひらがなとカタカナに変わるというべきだが、数字は数を記号化したものでアルファベットそっくりだし、ひらがなやカタカナは漢字を簡略化したもので漢字と同根だから、以下ではアルファベットと漢字の比較だけにとどめる。

三十数年前、私がロンドンにはじめて行ったころは、町中で日本文字など見ることはなかった。ある日、あるショーウインドーに日本語が書いてあるのを発見して、おや、なつかしいと思ったら、そこは日本航空の支店だった。日航がロンドンに飛ぶ以前は、日本料理屋もまれだったろうし、日本文字はまず存在しない町だったといってよかろう。逆に日本の町にはアルファベットがなかった。わが国が大戦中、敵国語を閉め出したのは有名だが、戦後もアメリカ軍の占領下ですら、東京の繁華街で英語が目につくところは、外人の出入りする施設や洋画を上映する映画館くらいだった。内外の町の文字のちがいは歴然としていた。現代は当時ほど画然とした区分はなくなったが、ちがいは依然として大きい。

文字というものは、もともと絵画的な形象すなわち象形文字だったというから、漢字とアルファベットを比べれば、漢字の方が断然古い。アルファベットは民族の興亡が激しく、文化の交替にいそがしい地域で、象形文字が使いきれなくなって生じた。ある文字が他の民族によって借用されると、その民族の言語システムに合うように、言葉と文字の単純な結合をこわさなくてはならない。文字は本来の形象から離れて音標化される。表音文字アルファベットの誕生である。

アルファベットは、英語ならたった二六文字しかないし、他の西欧語でも大差はない程度の、ごく少数から成るきわめて簡単な記号の集まりである。ヨーロッパの古い、印刷術発明以前の本を見ると、アルファベットが挿絵とともに十分にデザイン化されて各ページを飾っている。アルファベットは、言葉と結合していないから自由であり、早い時期からデザインとどのようにでも一体化しうるような自在性をもっていたと考えられる。

本の背表紙、すなわち外部となると、同じくデザイン化されているとはいえ、アルファベットははるかに抑制の利いた現れ方をする。それに似ているのは、古い町で石造建築一軒一軒に、店名がアルファベットのレリーフで刻まれている商店街だ。そういうのを見ていると、書籍の表紙や建築のファサードの、アルファベットとのつき合いには、現代のデザイナーが思いつきで変更することを許さないような型が確立しているのを感じる。

前に西欧産文化と呼んだ都市の構成要素の多くは、近代以後のデザインだが、そこにもアルファベットは何の問題もなく合う。一つのデザインのなかで文字が自己主張しすぎて邪魔だというようなことはふつうはおこらない。おこるとすれば、たくさんのデザインが集まった結果、視界全体に文字が増えすぎる場合であろう。だから、文字の総量規制という意味での広告の規制は、西欧でも必要だ。しかし、文字がデザインに本質的に合わないとか、文字がデザインにとって邪魔だとかいう問題は、西欧ではおこらない。

ところが、明治以後日本に上陸したアルファベットは、さすがに当時の日本の町にはまったく合わなかったようである。一九一三年ごろ撮影の軽井沢の旧道の写真（図23）が残っているが、ちょっとびっくりさせられるだろう。軽井沢はイギリス人の宣教師が別荘を建てて以来、外人用の避暑地として発展した土地柄だから、国内でも特殊な町にはちがいないが、アルファベットの

図23　大正2年ごろの軽井沢旧道（土屋写真店提供）

氾濫はいかにも街並に不釣合だ。町はまだ日本的な香りに満ち満ちていて、旗や看板も日本的デザインなのに、そこにアルファベットが書いてある。だから合わない。軽井沢が植民地だったはずはないにもかかわらず、この写真からは植民地という言葉を思い出させられる。

　さて漢字だが、漢字は中国生まれだから、出自《しゅつじ》からいっても西欧から遠い東アジアの産物である。漢字は象形文字が元になっているから、その姿には生きた美しさがある。アルファベットの単なる美しさとは大ちがいだ。漢字の一字一字は本来の中国語の一語一語に対応している。文字が視覚的に説明できる意味をもつ。わかっているかぎりでもっとも古いスタイルの字を甲骨文《こうこつぶん》といい、それは、殷《いん》王朝の時代、神意をただす占いの結果を、亀の甲や獣の骨に刻むために使われた。王の占断の刻辞には朱が塗りこめられ、今も鮮やかな朱色が認められるものさえある。おそらくは王の占断の正しさを永くとどめようとした色使いだったのだろう。

甲骨文は使いやすいように、わかりやすいように書体を変えて、われわれの知る楷書に至る。楷書のほかにも速書きのための行書、もう一段速書きのための草書がある。「一《いち》」というたった一字にも、堂々とした一、軽ろやかな一、疾走する一など、さまざまな表情をもった一がある。一字に深い意味がこめられ、たった一字で宇宙全体を表すこともできれば、多数の漢字が並んで語の大集合、いわばマンダラのごときものを描くこともできる、という。

書は漢字ならではの精神的に奥の深い世界だが、だれにでもわかるデザイン化された書といえば、相撲の番付が挙げられよう。それはすばらしく均整のとれた相撲界のマンダラである。将棋の駒もよく似たデザインだ。将棋では、駒を並べ終えた盤面もわるくないが、双方が駒の交換なく櫓《やぐら》を組み終えた戦闘開始直前直後の盤面は、どこか綾裂《あやぎれ》に金泥で描いた単色の曼荼羅を想起させる。

しかしながら、漢字には自己主張がありすぎて、周辺デザインとの融和性が生じにくい。もちろん漢字文化圏の古いデザインにならそれなりに合うが、近代以後の西欧産のデザインとはどうにも相性がわるい。漢字の表札のぶらさがったビルと、アルファベットのレリーフを貼ったビルとは、同日の談ではない。アルファベットつきのビルはひとまとまりのデザインだが、ビルに漢字が書かれることは異質なものの添加を意味する。それは混成状態のはじまりだ。

われわれは、漢字と西欧産ビルという取り合わせの不調和に不感症になっているが、そこでは前掲の軽井沢の写真におけるアルファベットと日本建築の不調和と似たようなことが常におこる。現在の漢字活字は、西欧産のデザインに合うよう精一杯、幾何学的図形化させられているが、それでもどうにもならない。

ちなみに、ハングルも洋風建築に合わない文字に属する。ハングルは一五世紀に李朝の世宗がつくった表音文字だが、表音文字にもかかわらず洋風のデザインと合わない。アルファベットほどにデザイン的に練られた形跡もない。育ちがちがうとでもいわなくてはならないのであろうか。

街並のマンダラ性とはなにか

日本の街並の混成のあり方は、韓国や東南アジアにも共通である。日本を含めたアジアの町の混成のもう一つの特色は、視覚のなかでの混ざり合いにとどまらず、聴覚、触覚、嗅覚、味覚などまで含めた諸感覚を通じた混ざり合いが生じているという点だ。混成が視覚以外の感覚にまで開いている。西欧の、視覚の優位性のはっきりした、閉じた系とはまったくちがう。

おそらく現代日本でもっとも典型的な町のにぎわいは、西欧化がやや不完全な、都会の場末の祭の場に見られる。夏の夜、場末の繁華街のとりわけ雑然とした街並を背景に、みこし、旗、提《ちょう》灯《ちん》、裸電球、屋台、派手な衣装の人間たち、たくさんの寄進者の名札一覧などが立ち現れるときだ。人々の声が十分うるさい上に、踊りの曲や警察の群衆整理の声などはスピーカー音だから格別うるさい。人がぶつかる。人をかき分けて歩かなくてはならない。夏の熱気、クーラーからもれる熱気、汗くささ、酒くささ、屋台のたこやきややきそばの匂い。そして、食べ物をほおばる人がそれらの匂いをまき散らす。

われわれは、町のにぎわいを個々の感覚器官でとらえるというよりは、分解不能のにぎわいというものを全身的に感じる。視覚の優位性はほとんどない。どの感覚器官が感じ取っているかはどうでもいいようなもので、血わき肉おどるにせよ、そっとほほえんでいるにせよ、それはわれわれの全身的な感覚の引きおこした感情なのである。開放系は、本質的に視覚の範囲内にとどまらないのであって、祭のにぎやかさのように視覚以外の諸感覚にわたる情報の豊富な場では、自ずと五感の混ざり合いと化す。

開放系の結果として現れる究極の混成状態——そのもっとも模範的な例はなにかと問われれば、答はやはりマンダラであろう。ただし、これにはもうしばらく説明が要る。

曼荼羅は、もともと古代インド人が考えた、仏の世界のイメージである。仏の世界は、修行によって頭のなかに観ることができるともいわれるが、ふつうの人間にそんなことはできない。で、如来が超能力をもって人々に観せたといわれる仏の世界が、絵に描かれたり、壇上に配列されたりするようになった。それは一見、数かぎりない仏や菩薩の集合図の感を呈する。

曼荼羅の原型はインドや中国では三世紀ごろまでさかのぼれる。しかし、日本人のよく知る曼荼羅は、大日如来を中心とする密教が、唐で整備された末に成った胎蔵界曼荼羅と金剛界曼荼羅であろう。この双幅の両界曼荼羅の一本を、九世紀はじめに入唐した空海が、恵果から伝授されて日本にもち帰った。

教王護国寺にある両界曼荼羅は、その後日本で描かれたもののようであるが、彩色や強い隈取りなど、何と華々しい絵であろうか。もちろん、さまざまな仏たちをきちんと配列してみせるのが目的だから、そこには十分な秩序があるが、現代人は必ずしもそうは見ない。胎蔵界曼荼羅でいうと、大日如来を中心として、仏、菩薩、明王、諸天などが、中央部を占拠している。しかし、「最外院《さいげいん》には、アーリヤ系、非アーリヤ系を問わず、古代インド人が尊崇していた神々はもちろん、精霊とか鬼神にいたるまで、ぎっしりとつめこまれている」。（松永有慶『密教・コスモスとマンダラ』、次の引用も同じ）

曼荼羅は、仏たちの混成状態とでもいうべき性質を強くもっているのである。

「民間信仰で篤く信仰されてきたヒンドゥーの神々も、大乗仏教で人気のある菩薩たちも、人々の日常生活に害を与えてきた悪鬼や精霊たちも、曼荼羅の中に仏としてずらりと並べられていることがわかる。かれらは出自《しゅつじ》によって格付けされたり、除外されたりはしない。それぞれ本来持つ性質をそのまま生かしてグループ別に分けられ、おのおの性格的に最も近い院に組み入れられて、仏教の諸尊としての地位が与えられているのである」。

右のなかの「出自によって格付けされたり、除外されたりはしない」というところは、街並に当てはめれば、建物以外のどんな瑣末なものも構成要素になりうることに対応する。壁に貼った一枚の紙ビラは、西欧の町だったら勘定に入れてはならないものだが、日本の町ではれっきとした一つの構成要素なのだ。

諸仏諸尊の混成状態が描かれる大本には多神教の寛容さがあるにちがいない。同様に考えれば、街並が混成状態をなす事実の大本には価値観の多様性があるといわなくてはなるまい。日本的なものも西欧的なものもともに認める、中世の遺産もポストモダンの前衛もともに認める、高級品も安物もともに認める、というような価値観の多様性——われわれがそれをもっていることはうたがいない。

教王護国寺の両界曼荼羅を拡大して眺めると、仏たちの表情が豊かで、一人一人が生きている人間のようになまめかしい。そのことは、現物を薄暗いところで観察したのではけっしてわからない。曼荼羅は、西欧の細密画のように微に入り細をうがって描きこまれた絵とはちがうけれども、拡大してみれば、やはり発見があるのだ。どんな悪逆非道な輩も「除外されたりはしない」曼荼羅のことだから、仏を人間と見立て、絵全体を現世の縮図と見ることも許されるだろう。見方をやかましくいわないのもアジア的なのだ。沸き返るように混乱した町や人々の姿をマンダラのようだといってもさほどおかしくはない。

浄土教の説く極楽浄土の世界を描いた絵画も、ふつうマンダラという。しかし、両界曼荼羅におけるような幾何学的な垂直水平線や左右対称はなくなり、人の姿も自然や建物ものびのびと写実的に表現されるようになる。また、静的だった両界曼陀羅とちがって、画面には動きがあるし、音も匂いも伝わってくるかのようだ。今日マンダラは、世の中では「なにもかも描きこんだ、色彩あざやかな絵図」くらいの意味で気楽に使われるが、浄土教のマンダラは、もうそれに相当近いところまできている。さらにそれは、絵だからやむをえず視覚的表現に限定されているけれども、もし制作時に五感の混ざり合う表現芸術が可能だったとしたら、きっとそのような総合感覚的なマンダラとして世に出ていたであろう。

日本の繁華街は、祭の場合はもちろんのこと、そうでなくても期せずして五感の混ざり合う都市風景を実現している。それは、総合感覚的なマンダラ世界の現世版だと私は思っている。

カトマンドゥで見たマンダラ

チベットのタントラ仏教に見られるマンダラは、われわれがよく知っているものとちがって、単なる幾何学的図形に近いものが多い。その中の代表的な一つ、カーラチャクラ・マンダラはこんな風だ。周辺部をなす五重の輪は、宇宙の構成要素である空間、空気、水、火、大地を表す。中心部には正方形が幾重にも迷路のように描かれ、そこの基調色は、東が黒、南が赤、西が黄、北が白、中心部は緑と青ときまっている。構図全体を支配しているのは、ただ一つの中心をもつ外側の円たちと内側の正方形たち、そして強い色彩による秩序だった配色である。

よく見ると、右の枠組みのなかには神々がたくさんいて、彼らの住まいである宮殿がある。庭園らしきたたずまい、象や馬や判別不能な動物たちの動きなどから、神々の生活もしのばれる。しかし、さらに細部では、神々も宇宙のディテイルも記号化されていて、説明されてもよくわからない。ぼんやり遠くから眺めると、むしろ幾何学的な抽象図形に見えるといってよいだろう。

チベットを訪ねる起点の一つであるネパールのカトマンドゥは、マンダラのあふれた町だ。寺院や仏塔はいうまでもない。マンダラの絵図ならすぐそれと気がつくが、知らないうちに立体マンダラの真っ只中に立っていることがある。寺院では建造物の配置がマンダラになっているからだ。住まいのファサードに、また入口前の踏み石にマンダラが刻まれていたりもする。女のスカートや男がかぶるトピー帽にマンダラ模様が染めてあったりもする。こうした日常生活に現れるマンダラでは、全体の形は円で、円内の模様は幾何学的抽象的なものが、どう見ても扱いやすいだろう。逆に、円形の模様があったら、それはたいていマンダラだといってもよい。

そして、観光俗化のせいだろうが、町になんとマンダラ屋が多いことか。紙や布に描いたマンダラを土産物として売っている。土産物には、仏たちを具象的に描いたものが多いのは、その方が観光客に好まれるからだろう。

さらに、カトマンドゥの町そのものの喧騒と雑踏にマンダラ性――総合感覚的なマンダラ世界の現世版の意味の――を感じざるをえない。ヒマラヤの麓、釈迦の活動したガンジス川の中流域

図24　カトマンドゥの商店

とダライ・ラマの統治した国チベットの中間に位置するカトマンドゥ盆地の中心都市には、何百年にわたるマンダラの伝統が息づいている。本物のマンダラは別としても、町の姿もマンダラというべきだ。

商店街の建物は、二階以上は煉瓦造だが、一階だけは木組みである。一階部分をすべて開けっ広げにするためで、そこは色とりどりの商品でいっぱいだ。商品は屋外にもあふれ出て、一階の桁より高いところまで吊ってある（図24）。衣類、果物、野菜、肉、揚げものなどが目立つ。旗を連ねた紐が幾重にも道路を横切る。道の突き当たりには、突出して際立つ、丹念な木彫りに埋まったぜいたくな寺院があるかと思うと、そこの片隅には低い石積みの壁にトタンを載せただけの貧しい住まいがある。地面にカラフルな商品を放りだしただけのような露店が並ぶ。そうした建物やバラックの集合が、すでに十分マンダラだが、おもしろいことに日本とちがって広告はむしろ少ない。

人が多い。男たちがどさっとたむろしているが、その黒ずんだ顔色と黒ずんだ服装が、白のけっしてかなわない充実を感じさせる。働いている女の衣装は高彩度の赤が主だから、そこに女たちが数人加わると、黒と赤の極彩色の構図ができあがる。喧騒をきわめているのは、自動車のクラクションのせいか、話し声のせいか。リクシャーは音は小さいが、見かけはひどく派手だ。素朴な子どもがいれば、ものを売りつける子どもも、金をせびる子どももいる。子どもは裸足で、足の裏だけでなく身体中、泥とよごれにまみれている。犬は昼間は大抵寝ている。牛や羊が歩いている。田舎町だと豚や鶏やあひるも出現する。大量の鳩が飛び上がると、羽クズと糞が頭上の空気をかきまわす。ヒンドゥーの神々にまぶされている赤い粉、生け贄の羊の血、肉片の残りだか排出物だかわからないものがにおう。うずたかく積まれたごみの山、家畜の偉大な糞、見るからにきたない川などによる悪臭は常のことだ。外気にほこりがつきものだったのは乾期のせいだったろうか。

郊外でちょうど祭の最中の町に行き合った。そこで見たものは、以上のものどもに祭が加わるのだから、究極のマンダラだった。カトマンドゥ盆地の町々のマンダラ性は、日本のそれ以上に総合感覚的で、視覚に加うるに騒音と悪臭と空気のよごれが強烈に混ざり合っていた。もし街並のマンダラ性に一流と二流の区別をつけるとすれば、カトマンドゥは一流、日本の町は二流というべきだろうか。私は、日本の商店街は、西欧のそれと比べるとき、マンダラにたとえるのが至当と考える。しかし、アジアのなかには、もっとすごいマンダラがあるのだ。

第六章　街並がポリフォニーを奏でるとき

ヨーロッパの中世都市

明治維新から平成の世に至るまで、日本の町は一貫して西欧化、現代ビル化、ネオ現代ビル化をいそいだので、変わらないヨーロッパに対するに、変わる日本の対照的であることは、日欧間を行き来するすべての人にとって共通認識になっている。ヨーロッパの街並の変わらないこと、すなわち不易であることは、第四章で取り上げた各街並が比較的年かさであるところにもよく現れている。

今一つ、はっきりいえる点は、ヨーロッパでは各街並がユニークだということである。ヘントのグラスレイはあそこにしかない街並だ。ザルツブルクのアルターマルクトに似た通りは、色使いについていてならほかにもあの辺にありそうだが、造形全体を見るとあそこならではだ。古くからの町々は、どこもよそとはちがう毅然とした特色をもっている。

不易であることとユニークなことは、中世の壁に囲まれた都市国家の時代にできあがった二つの重要な特性だと考えられる。

中世の都市は、小さいだけに無類に強固な集合体だった。自国愛——正確には自都市愛だろうが——から発する市民の連体意識は、日常生活でも働いたろうけれど、いざ外敵に当たる際には最大限の力を発揮したにちがいない。市民の求心力のたまり場として、町の真ん中には広場があり、役場や鐘楼があり、もちろん塔のついた教会があった。教会は、そのころの常で、市壁内でもっとも重要な建物であり、位置といい、大きさといい、高さといい、そしてデザインの質といい、他にぬきんでていた。一方で、市民の遠心力のつき当たりには、町を取り囲む頑丈な市壁があった。火器の発達する以前、石の壁の防衛能力は絶大だった。

それにしても都市は狭い。「都市の空気は自由にする」というが、市民の精神がいかに自由であろうとも、市壁のなかの生活は息苦しかった。ただ、戦争はいつもやっているわけではないので、平和時には、市民は周辺の農村へ、農地へ、森へと遊びに出た。

市民には身分の差は厳然とあるから、住宅の造りにはピンからキリまであったが、建前上、市民住宅はすべて同質のものである必要があった。たとえば、ある都市の住宅の基調が赤茶の瓦、半木造漆喰《しっくい》塗りの壁、石造の土台であるならば、その基調は原則としてすべての住宅に通す。貴族の住宅はスペースが広く内装や設備が上等なのに対し、平民の住まいは貧しいというような格差は、外見からはわかりにくい。いや、見る人が見ればわかるのだけれども、住宅の基調は変わらないので、なだらかな丘陵を見るように高低の変化が自然なのである。だから、住宅の格差が、市民の連帯意識を損なうことはない。市壁内の町は、物的にも心的にも、同質の住宅の連続する一枚岩だった。

中世の町は、滅びないかぎり変わることがない。一つの町は独立の生活単位をなすから、町の個性はあって当然である。もちろん周辺との交流は常にあり、広域的な風土に合う建築のパターンはきまっているから、個性といってもほどは知れているが、その個性を頑固に守る。だから町は、しばしば観光客が見落とす程度に微妙にではあるが、まちがいなくユニークなのである。

しかしながら、中世の町は、ウィーンにおけるように消滅してしまうこともある。ウィーンの壁のなかの町は、二回にわたるトルコ軍の攻撃には耐えたが、近代になってヨーロッパの大都市の仲間入りを果たすための施策によって自ら姿を変えた。バロック化も、その後の市壁の撤去による近代化も、ウィーンにとっては必要事だったろうが、結果としてウィーンの中世はなくなった。

じつは異文化がぶつかり合うと、中世の町の、いわば純粋培養されたような同質性は維持できなくなる。ここで異文化とは、ヨーロッパ内の別の国または別の地域の文化くらいの意味だし、ぶつかり合いとは戦争による侵略にかぎらず、よそ者の大量移住でもよい。パリやロンドンは異文化のぶつかり合いのもっとも激しかった町で、だからこそヨーロッパ屈指の大都市に成長した。パリやロンドンに比べれば、ウィーンなどは話にならないくらいゆっくり成長したというべきだろう。

以下しばらく、中世都市の不易であることとユニークなことの秘密をさぐってみよう。

中世都市の絵

ヨーロッパの中世都市を鳥瞰図《ちょうかんず》風に描いた絵は、ありとあらゆる都市に残っている。人間が空に上がれなかった時代に、なぜこんなにと思うほどたくさんある。中世も中期までのものはまだ下手くそだが、一五世紀後半のものになるともう遠近法的に整った都市図だ。版画が多いが、なかには線画や油彩画もある。街並は比較的リアルにきちんと描いてあるのに対し、市壁は実際以上に大げさに強調されている。市壁を境にして、壁から外は筆遣いは雑になり、適当にぼかす。天上には天使たちが舞っていたりする。

それは明らかに都市の絵だ。絵を見ただけでも自明な上、たいてい市紋や、都市名を示す飾り文字が主題をうたっている。だが、何と閉鎖的な都市図であることか。都市以外の空間は、壁の外の俗界であろうと天上の神の世界であろうと、脇役でしかない。こういう絵が立派な額に入って飾ってあると、主役としての都市は、絵のなかの額縁である市壁と、外側のほんとうの額縁とによって、ごていねいにも二重に閉ざされていることになる。

中世都市として名高いドイツのニュルンベルクの都市図の一つを図25に挙げる。一五一〇―二〇年ころの古い彩色木版画だが、個々の建物はもうきちんと表現されている。市壁がデフォルメされていないのはやや異色だ。建物の説明にもなる、中空に舞うリボン状の装飾のうるささや、「これがニュルンベルクだ」と叫ぶレタリングの幼稚さは、かえってこの絵が都市讃歌を意図した古い本物であろうと信じさせる。

日本には洛中洛外図、またはそれに類する絵の伝統があるが、いくつかの点で、西洋の都市図

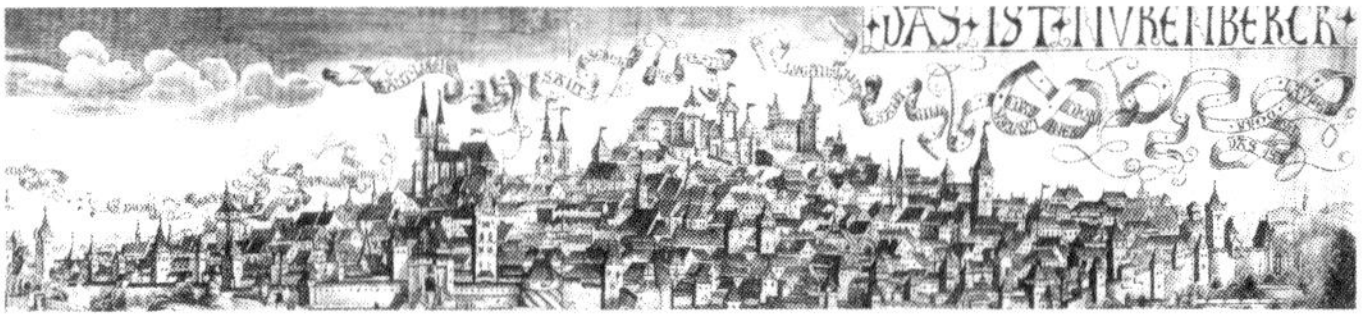

図25 「これがニュルンベルクだ」

とはまったくちがう。まず数が少ない。対象が京か江戸かぐらいで、ほかの都市の絵は非常に少ない。都市景観図というよりは風俗画である。そして、洛中洛外図の名称が示すように、必ず郊外を含め、境界をはっきりさせない。都市は開いた系として示されているのである。

日本の都市の開放系については、すでにくわしく取り上げたから、今度はヨーロッパの都市の閉鎖系を考える番だ。中世都市の鳥瞰図では、なによりも壁によって市の外延が明確に閉じていることが示される。次に、壁のなかについては、建築を主とする構築物本位だ。ときに人間を細密画のように描く場合もあるが、概して人間には関心が薄い。こまかいごちゃごちゃした構成要素はぬかしてしまう。中世のことだから、構築物以外の構成要素は、人のほか、馬、馬車、看板、商品の山など、さほど多くはないだろう。しかし、もし洛中洛外図風の描き方をするならば、通りにも商店の前にも西洋風のさまざまな人間模様や雑物が見えるはずであるが、それらを描かない。都市にあるものはなんでも描きこむという態度ではなく、都市の構成要素を限定して、閉鎖系に見立てている。

なぜそうなるのだろうか。

一五世紀以後の西欧絵画では、とくに古フランドル派の細密画でいちじるしいが、対象をできるかぎり本物らしく描きこむことに重きをおいた。ヤン・ファン・エイクやその後につづく画家たちの絵を見ると、町であろうとインテリアであろうと、画面のすみずみに至るまで徹底して精密に描かれている。描写の密度は、中心だろうと周辺だろうと、前景だろうと背景だろうと、区別がないといっていいくらいだ。画面は完璧で、どんな細部を見てもリアルだし、細部が目立ちすぎて全体の釣合いがわるいこともない。全体は全体で臨場感に満ち満ちている。

ただし、そのころの絵では、実際には存在しない対象を実在するかのごとく描くことが中心課題だった。宗教画では、聖書に出てくる人物はもちろんだが、ヨーロッパから遠いイェルサレムの町も画家の空想の産物である。都市鳥瞰図は空想画ではないが、同じ時期の絵画と軌を一にしている。だから、都市鳥瞰図の場合も、都市の現状を正確に描いたのではなく、理想化されたイメージを絵として固定したと考えるべきだ。

画題である中世都市が、絵になる都市だったといってもよい。中世都市は、市壁内全部が一つの巨大な石造建築みたいなものだから、ふつうは作為を加えなくても、あるがままに写生すれば絵になったはずである。しかし、写生の習慣がなかった上、町は、老朽化、戦争による破壊、火事による焼失などによって、常に不完全な状態にあった。後世に伝えるのだったら、傷のない完全な状態の町を描いておくにしくはない。町の理想像を版画に刷って、市紋や都市年代記と同様に後世に遺すことは、為政者にとっても一般市民にとっても誇らしいことだったろう。「これがニュルンベルクだ」といわないではいられなかった先ほどの例を思いだしていただきたい。都市図によって、彼らの都市の不易性とユニークさは、ヨーロッパの歴史のなかに足跡を残すことになる。

ここまでくると、中世都市は絵になる都市でなくてはならなかった、という方がもっとはっきりする。都市鳥瞰図はもちろん都市を絵にしたものだが、鳥瞰図がすべてだったわけではない。古フランドル派の油彩画では、主となる宗教的場面の背景に、必ずといっていいほど当時のフランドルらしい町々が描いてある。一つの町の全景のこともあるが、窓からのぞける、町のごく狭い一角のこともある。そういうときは、窓が額縁になって、額縁のなかに見える狭い部分が、絵にならなくてはならない。

「窓からのぞける町」は、フランドルではだれもが飽くことなくくりかえし描いた一つのサブテーマだった。同じサブテーマは、フランドルの絵の伝統を引き継いだオランダの絵にも見られる。絵の場合は、画家の腕次第でどんないいアングルの町を描きこむこともできるが、「窓からのぞける町」が一般的関心事である以上、理想をいえば、中世都市のなかではどの窓からも絵になる都市景観が眺められれば申し分ないであろう。

それは、しかし、いくら中世都市でも無理である。せいぜいできることは、都市構成要素を、構築物とその付属品だけに限定することだ。つまり、構成要素を、石や煉瓦や瓦や木や鉄などのがっしりした物体ばかりにしてしまう。色彩の際立つ看板や大きな文字や布や紙など、構築物に本質的にかかわりのないものは、できるだけ取り除く。そうすれば、視界内に目ざわりなものはなくなろう。画角は最後になんとか間に合わせる。

町が閉鎖系だからこそ絵になるのである。

日本の町は開放系だから、看板や広告だろうと、煙突や煤煙だろうと、電柱や電線だろうと、何でも構成要素になってしまうので、西洋人が不満をもつことは前に述べた。サイデンステッカーやライシャワーほどの日本通でも、何とかならないかと思うようなのである。どうやら西洋人たちは、街並は絵になるべきものだという観念をぬきがたくもっているらしい。

書割《かきわ》りとしての中世都市

ヴァーグナーの楽劇「ニュルンベルクのマイスタージンガー」（原題のマイスタージンガーは複数で、親方歌手たちの意）の第二幕は、一六世紀のニュルンベルクの街角で展開される。夜である。舞台に向かって左側に靴屋の親方ハンス・ザックスの店が、右側には金細工師の親方の家があり、そのあいだの通りが舞台奥に向かっている、というのが作曲家の指定した舞台づくりだ。話が中世の日常生活を扱ったものだということもあり、その場面は、初演以来、できるだけ中世の町らしさをリアルに出すものときまっている。図26は初演時の、舞台上で演じられる幕切れの大さわぎの場面のスケッチで、昔はこんなていねいな絵を描いて舞台装置を検討したものらしい。

図26 「ニュルンベルクのマイスタージンガー」第2幕の幕切れ

だれでも知っているように、舞台装置では、いかにリアルに見えようと舞台に本物並みの家が建っているわけではない。なにしろ、だまし絵の技法は西欧の舞台美術家のもっとも得意とするところである。二次元の絵に陰影をうまくつけて立体的に見えるようにし、間に合うかぎりは絵で間に合わせるのである。細工は流々、ニュルンベルクの町角を御覧《ごろう》じろ、だった。

舞台のプロセニアムアーチは、絵画の額縁とそっくりの機能をもつ。額縁のなかの都市が絵にならなくてはならないのと同様に、プロセニアムアーチのなかの都市も絵にならなくてはならない。見かけがすべてだった。

一般に、ヨーロッパの街並づくりでは、見かけさえよければよいという考え方は非常に有力である。そういう思想は近代になってから各地で散見されるようになるが、第二次大戦で「史上最大の破壊」をこうむった戦後ドイツではとくにいちじるしかった。街並を昔の通りに復旧するのに、ファサード表面を旧に復するだけで満足する。それも、建築材料がちがってもよい、色彩がちがってもよい、詳細な造りがちがってもよい、素人をだませる程度に昔のものの印象をあたえればよしとするのである。それに対して、インテリアの方は現代設備を組みこむ必要があるから、まったく新築になる。つまるところ、復旧とは、昔ながらの見かけのファサードをもった新建築を建てることなのだ。観光客からすると、西部の町のアーケードの並ぶ映画のセットや、テーマパークのどこそこの通りの模造品のなかを歩くのとさほどちがわない――といっては語弊があるが、少なくとも、ものの考え方として両者には共通点があるのである。

西洋人の好みは、多分に表面的といっていいかもしれない。西洋人は、視対象が真であるかどうかはさほど問題にしない。偽物でもよい、見かけ上、本物らしく見えればよいと考えているかのようである。その代わり、視界内に異物があることは強くきらう。古きニュルンベルクなら古きニュルンベルクが、何の傷もなく映像的に完全に再現されていることをもって第一と考えているのだ。実物の都市についてはもちろんのこと、ニュルンベルクの写真だろうと絵だろうと、ニュルンベルクの街角の舞台装置だろうと、同じ考え方の延長上にある。

極端にいえば、古い町の市壁内には秩序だった石造建築が並んでいればよいのであって、ほかのものはいらない。人もいない、車もいない、死んだような町の姿がむしろ理想に近い。石の家の廃墟の美しさに気がつく人は多いが、私にいわせれば、現に使われている石の家も見捨てられたように存在するときが美しい。

一九世紀のフランドルの作家ロデンバックは、死んだような町、ブルッヘに魅せられて『死都ブリュージュ』を書いた。この小説は題が刺激的なので、読んだら最後、ブルッヘへのイメージがこわされそうな気がして、私は長いこと読まないでおいた。しかし最近、意をけっして手に取ったところ、作者の用意周到なブルッヘの町の使い方に感心した。主人公ユーグにとって、この町は、亡き妻への悲しみを具現した姿をしているという設定である。だから、この書物には、小説であるにもかかわらず三十数枚もの町の写真が載っている。一九世紀末の、現代よりはるかにうらぶれた、そして人けのないモノクロームの書割《かきわ》りだ。

その書割りに、ある夕方、妻と瓜二つの女が出現する。ユーグは憑かれたように女を追う。女は身持ちのよくない踊り子で、逢瀬を重ねたまではよかったが、最後はユーグが女をもてあつかいかね、手にかける悲劇で終わった。いや、この小説では悲劇以外の終わり方はありえない。聖血の行列の出る祭の日の出来事ではあったが。

古い町の、人のいない通りの見捨てられたような静かさもいいが、他方で、祭や市場での人のあふれるにぎわいもまたいいものだ。しかし、古い町の群衆が常にその場にぴったりということはありえない。観光客が目立ちすぎたり、土地の人でも服装が今様すぎたりすると、邪魔だと思う。

中世都市では、自動車の存在もたいへん気になる。メインストリートに車がぎゅうぎゅうにつまった場面を見せられるのも興ざめだが、狭い路地で車に突っ走られると、路面と両側の建物の三方の石に反響してすごい騒音が発生し、耐えがたい思いをする。自動車公害は世界中の都市に共通の問題だとはいえ、車さえなければ、と強く思わせられるのはヨーロッパの中世都市においてだ。その意味で、中世都市の中心部を歩行者専用ゾーン化する趨勢には大賛成である。車を閉め出すことは、「車を都市構成要素に含めない」という西欧的原理――市当局はそんなこと考えてもいないだろうが――を満足する方向への施策だからである。

ドイツ都市の大戦後の復旧

現実の問題として、第二次大戦後のドイツ諸都市の再建はどんな風だったのだろうか。前にそれを「見かけさえよければよい」復旧といったけれども、具体的には、どういう方法によって、古い町を「絵になる」ように復旧したのだろうか。二つの小都市の例によって説明する。

シュトゥットガルトの南の方、シュヴァルツヴァルトの真っ只中の台地に、湯治場として知られる小さな町、フロイデンシュタットがある。町は正方形の街路を幾重にも重ねた独特な形態をしており、一番内側の正方形が中心広場のマルクトプラッツだが、そこがじつに広い。焼け野原の真ん中のマルクトプラッツをどうするかが、大戦後の問題だった。たくさんの計画の山のなかから、最終的にシュトゥットガルト派の建築家、シュヴァイツァーの再建計画が採用された（図27）。

もともと、この正方形は、一六世紀末に城を建てるスペースとして確保されたのだが、事情があって城は建たなかった。一九三〇年には新しい郵便局を含むU字型の建物群が建設されたが、郵便局建物は目立ちすぎで当初から評判がわるかった。こともあろうに、その郵便局は、軽い傷を受けただけで広場のなかにぽつんと残った。それが終戦後、なによりも先に修復されたのも、建築家たちのおどろきだった。

シュヴァイツァーは、ほかのほとんどすべての計画が、郵便局建物を否定したのに対して、それをそのままの位置に残し、新設のバス駅の低層建物群のなかに組みこんだ（写真の右端の

図27 フロイデンシュタットのマルクトプラッツ

大きな建物）。このような郵便局建物とのつき合い方は実用的でわるくなかったようである。正方形の真半分は空地として残り、図に大きく写っているように、公園になっている。

画期的な変更点としては、広場を取り囲むすべての住宅の屋根の向きを変えたことがある。建築家は、町の人たちが長年強くこだわってきた、広場に切妻《きりづま》を見せる屋根をやめ、広場に軒を向けた屋根を採用した。新たに分割された土地に、新しいスタンダードである市民住宅を、より容易に、より安く実現するために、軒を道路に向けた屋根がよいというのが結論だった。過激な決断というべきである。

残存している建築がたくさんあれば、こんな変更は不可能だったろうから、なによりも戦災のひどさがしのばれる。経済事情が豊かであれば、伝統を変えずにつらぬいたろうから、戦後の経

図28　フライブルクのデパート

済のきびしさもしのばれる。しかし、町の人々は新しい形姿をすぐ評価したし、宿泊客数もほどなく戦前並みに回復した。専門家だけはあまりほめなかったが、ときが経ちフロイデンシュタットが戦後再建された町とは見えなくなるにつれて、悪口は聞かれなくなった。これは、行政にあと押しされた一人の建築家が、一つの町の中心広場に同質的な街並を建設した例である。

シュヴァルツヴァルトの西に開けた低地の町、フライブルクの旧市街の、大聖堂広場と目ぬき通りにはさまれた正に急所ともいうべきところに、一軒だけ新建築がある。シュナイダー百貨店（現在は店名が変わった）である。建築家モールによる一九七五年竣工の新ビルで、形態やディテイルのファッションから見ても、ファサードの分厚い鉄筋コンクリートの現代的仕様から見ても、明らかに今出来の建築だ。この一つの建物は、以前は七つもあった小さな家々に取って代わったものだが、古い街並によく調和している（図28の中央の三つに分節化されたビル）。

調和の秘密は、建物躯体《くたい》の分節化によって小味な建物表面をつくったところにある。施主と建築家は、古い建築たちのなかで新参物がどんなものであれば建築的アンサンブルが達成されるかについて、市や市民の主張を受け入れた。建物の上階張出部や窓や屋根構造の分節化は、機能的理由からそうなっているのではない。ファサードを、近隣や町のなかで違和感をあたえないものにするための巧妙な方法だった。今一つ、施主は煽動的な外部看板の取りつけを放棄した。それも町のアンサンブルのなかにこの建物を溶けこませる別の方法だった。

一建物が街並から際立つことが許されるのは大聖堂や鐘楼など一部の建物だけで、他のすべては旧市街の窮屈な枠のなかに納まらなくてはならない。フライブルクのデパートの例は、古い環境に参入する新建築がどのようにして街並に同質化したかを示すものである。

ニュルンベルクの戦前戦後

古い町の復旧の、もっとも大規模な例の一つとして、ニュルンベルクを取り上げる。

ニュルンベルクの再建ほど困難をきわめた場合は、戦後のドイツでもほかになかったのではないか。フランケン地方の中世らしさは、ニュルンベルクとローテンブルクが担ってきたが、第二次大戦によって両者の運命は大きく分かれた。戦災に遭わなかった小さなローテンブルクは、今も完璧な中世都市として、すきのない美しさを誇る。より大きなニュルンベルクは、人文主義的な学術と芸術の中心で、「ドイツ帝国の宝石箱」とうたわれた都市だったが、一九四五年一月二日のわずか二五分の空襲で瓦礫《がれき》の山と化した。狭い路地に木材を大量に使った木骨家屋が並んでいて、しばしば防火壁が欠落していた町は、「扉や窓のある、火あぶり用の薪の山」だったのだ。被害の大きさもドイツ諸都市のなかで最大級だったが、ニュルンベルクの場合は、元通りに復旧すべき歴史的建築物の数の多さが群をぬいていた。戦後処理はたいへんだった。

市の再建計画は次の四つの原則にもとづいてすすめられた。一つ、うたがう余地なく偉大な記念碑的建築の復旧保存。これは当然のようであるが、じつは記念碑的建築以外のものまでは責任をもてないといっているのだから、ことは重大である。二つ、独立の記念碑的美術とそれにふさわしい背景との融合。橋や噴水などの記念碑的なものは、背景ぬきで鑑賞することはできないから、その背景になる建築だけは、たとえ歴史的価値の低いものでも慎重に取り扱わなくてはならないとする。三つ、基本的な都市計画的構造の維持。都市計画的構造を維持するとは、個々の建物の容積、用途などを戦前とあまり変わらないように保つことをさす。革新派——日本だったらさしずめ規制緩和派——が強くなりすぎないための歯止めである。四つ、視覚的に統一された都市形態の保存。この町には、記念碑的建築は別として、約二五〇の民間所有の歴史的建物があるが、それらについてはこの原則を適用する。具体的には、一つ一つの建物の大まかな形態を元通りに復旧することが眼目になる。ディテイルにはあまりこだわらないが、急勾配の屋根、屋根がめくれたように出っ張っている屋根裏小部屋、ファサード二階の箱型の出窓など、ニュルンベルク独特の造りは、なるべく大事にしたいという。

最後の四番目の原則は、きわめて妥協的なものだ。ハウプトマルクトの写真で説明すると、図29aは戦前、bは復旧後の広場の姿を示すが、変わったとも変わっていないともいえる。広場の後方は聖セーバルト教会で、これは偉大な記念碑的建築だから、空襲で大打撃を受けたにもかかわらず、一つ目の原則により、完全に復旧されている。教会の手前、広場の奥の曲がり角に同じ破風《はふ》をもった二つの連続したファサードが見えるが、そのファサードだけは不思議に生き残った。問題は前面に写っている民間建物たちだが、左側の三つが、四つ目の原則により、都市形態の保存された例に属する。大まかな形態はそっくりだし、屋根の急勾配も尊重された。しかしaの細心な造りの屋根や張出し窓は、bではまったく無視されている。右側の派手な建物の復旧はなぜかまったく放棄され、おもしろみのない建物に取って代わられている。

ハウプトマルクトは、現状でも中世の香りを放ち、総じてそれほどわるい感じをあたえない。じつはニュルンベルクには、もっとずっと無神経な新ビルが少なからず存在する。ヨーロッパでも一九六〇年代後半には保存より開発をといわれた一時期があり、これほどの町でも、戦火を逃れた歴史的建造物をこわして、過去とは無縁の新ビルに建て替えたことがあった。

ヨーロッパの中世に興味のある旅行者にとって、「一喜一憂」とはニュルンベルクを見てまわ

ニュルンベルクのハウプトマルクト

図29a　1938年ごろ

図29b　1968年ごろ

るときの気持を表現する適語ではないだろうか。一〇〇パーセント絵になる町を見たい人はローテンブルクに行くがよい。ニュルンベルクは、もっと大きくまとまっていて、美醜合わせ飲んだような町なのだ。中央を流れるペグニッツ川にかかるいくつかの橋を行ったり来たりすると、新しい建物が無秩序に並んだ情景に、こんなにひどくなってしまって、とがっかりさせられることもあるにはあるが、気がつくと、目の前に完全に復旧成った珠玉のような川ぞいの景観が出現して、やはり来た甲斐があった、と幸せを感じさせられる。こういうとき、この町の歴史的建造物のスケールの大きさや、デューラーの絵画などの文化財の厚みが、目前の景色に重なって感じられるから、幸せ感はローテンブルクにおけるより大きい。

総じて、ニュルンベルクの復旧は、問題を含んでいるとはいえ、やはり大した業績だといわなくてはならない。

「建築は凍れる音楽」

ヨーロッパの古い町が、絵画やオペラの舞台に似て絵になることは述べたが、次に、音楽とのアナロジーを考えてみたい。

取っかかりは、有名な「建築は凍れる音楽」という言葉である。これはゲーテが、ある高潔な哲学者がいったとして紹介しているが、一言聞いただけでしびれるような名言だ。「凍れる音楽」

のドイツ語はerstarrte Musikで、ほかに「凝固した」、「硬直した」などの訳もあるが、「凍れる音楽」がもっとも直截的である。この言葉は、どこかで聞いたおぼえがあるという人も多いだろう。

明治のはじめ、来日したアメリカの美術学者フェノロサが、薬師寺東塔を「凍れる音楽」と評したと伝えられているからだ。これは、しかし、出所がわからない。英語のなんという単語だったかも、右のドイツ語の英訳だったかどうかもわからない。この言葉を頭において薬師寺東塔を眺めると、確かに当たっているところはあるように思う。ただ私の感じでは、「凍れる音楽」は、もともと西欧の寒々とした土地に建った石造りの教会の尖塔を表現するために用意されたかのような言葉だ。もしフェノロサがそういったのだとしたら、日本のような温暖の地にも、かくもつめたく引きしまった美しい塔があるのかと感じ入り、前から知っていた一語が口をついて出たのではあるまいか。そして、この言葉が有名になったのは、それがおよそ日本人の発想しそうもない、一度聞いたら忘れられない言葉だったからではあるまいか。

ゲーテは、「建築は凍れる音楽」という言葉が気にいらない向きのために、「建築は鳴りやんだ音楽」ともいいかえている。そして、オルフェウス（ギリシャ神話の楽人）が竪琴の音《ね》によってつくりあげた広場、彼の楽の音《ね》に誘《いざな》われた岩石が自ら転がってきて、まるで最高の職人の手になったかのごとき家、街路、市壁などに変貌してできあがった町には、「楽の音は消えても、ハーモニーは残る。このような町の市民たちは永遠のメロディーのあいだを歩き回る。心の働きがおとろえ、活動が停止することはあり得ない」といっている。

「これにひきかえ、偶然がきたならしい箒《ほうき》で家々を掃き集めたような粗雑な造りの町に住む市民は、それと意識せずに、陰鬱な状態の砂漠のなかで暮らしているのだ。よそからこの町にはいってきた人は、まるでバグパイプや笛やタンバリンの音を聞いたようで、これから熊の踊りや猿の芸当を見物しなければならないと覚悟せざるをえないような気持になる」。（ゲーテ「箴言と省察」関楠生訳）

「鳴りやんだ音楽」は、私には、やや説明的すぎて含みがない言葉のように思えるが、とにもかくにも、音楽的な町と非音楽的な町の対比によって、ゲーテのいわんとするところは明らかである。彼は、中世の壁によって閉ざされた、絵になる町を音楽的と考えたのだ。

ゲーテはあれほどの天才だったが、音楽はよくわからなかったという人もいる。しかし若いメンデルスゾーンを寵愛し、毎日一時間ほどピアノを弾かせて、大作曲家たちの曲を勉強していた時期があったことが伝えられている。いかなる現代の金持ちも真似のできない贅沢だ。彼は、ベートーヴェンは苦手だったようだが、モーツァルトやもっと古い人たちの曲はよく知っていたらしい。一方、ゲーテが建築に造詣《ぞうけい》が深かったのは定説である。ヴァイマルにはそれほどの建築はなかったが、彼は、ドイツのみならず、フランスやイタリアにかけても広く旅行し、行った先々で名建築を嘆賞した。だから、ゲーテが「建築は凍れる音楽」あるいは「建築は鳴りやんだ音楽」というとき、われわれはゲーテの時代の最高の建築と最高の音楽とを頭に思い浮かべて、その言を噛みしめなくてはならない。

ポリフォニーとはなにか

ヨーロッパにおける音楽の重要性は、われわれの常識をこえていてなかなか理解しがたい。キリスト教には古くから聖歌や賛美歌があり、中世のグレゴリオ聖歌以後はすべての時代の教会音楽が音楽史のなかで大きな位置を占めている。中世の大学では、音楽は調和の学問であり、文法、修辞学、弁証法、算術、幾何学、天文学などとともに七つの基礎科目のなかの一つとされていた。宗教と学問の根本的なところに音楽が存在する以上、音楽の意味には特別なものがあったと考えざるをえない。

ヨーロッパの音楽は時代を追って発展する性質をもっているから、時代がくるうと全然別種の音楽が聞こえてきてしまう。本章で取り扱ってきたフランドルの諸都市やニュルンベルクなどは、早い遅いはあるが、一四―一六世紀のあいだに最盛期を迎えている。絵画の方では、古フランドル派の大家たちが一番そろったのは一五世紀後半、少し遅れてニュルンベルクでデューラーが活躍したのは一六世紀はじめである。また、透視図的に正確な都市図が出てきたのは一五世紀後半である。とすると、ここで引き合いに出すにふさわしい、時期がぴったり合う音楽がある。一五世紀後半から一六世紀末にかけて盛んだったルネッサンス音楽だ。

ルネッサンス音楽の中心地は、ほかならぬフランドル地方だった。ルネッサンスといえば本場はイタリアだが、ルネッサンス音楽の本場はアルプスの北側のブルゴーニュ公国――フランドルは合併されて、その一地方――だった。そのフランドル楽派には、一五世紀の中頃から後半にかけて活躍した開拓者のデュファイ、彼の子の世代のオケヘム、孫の世代のジョスカン・デ・プレなどがいる。のちのイタリアの学者が、オケヘムを、ドナテッロが彫刻を再発見したと同様な意味で音楽を再発見した人物、ジョスカン・デ・プレを、建築、絵画、彫刻におけるミケランジェロと同じく、音楽において並ぶ者がなかった人物だといっている。フランドルの絵はどんなに立派でもイタリアをしのぐとはいいにくいが、フランドルの音楽はヨーロッパに並ぶものがない一つの時代を築いた。

人間の精神がのびのびと発揚されたルネッサンスの芸術の一般的特色は、音楽でも変わらない。フランドル楽派の音楽は、それ以前の中世音楽の、因襲に囚われた呪縛から解放された。のちの時代のもっと人間くさい、だれもが知っているウィーン古典派やロマン派の音楽とはまだだいぶちがうけれども、作曲家の意志の盛りこまれた、十分に密度の濃い「完全な芸術」(音楽理論家グラレアーヌスがジョスカン・デ・プレの音楽をこう評した)になった。

形式的な面から見ると、ルネッサンス音楽では、合唱や合奏の編成が大規模になったが、そのことは、とりもなおさず音楽の構成が複雑になったことに対応する。前々から萌芽が見えていたポリフォニーすなわち多声音楽が、ルネッサンス音楽の基本的様式として確立したのである。ポリフォニーでは、ソプラノ、アルト、テノール、バスなどの声部が、別様に、しかもどれが主、どれが従というのではなく、同程度の重要さをもってすすんでいく。各声部がフーガのように少しずつずれているので、どの声部も瞬間的にははっきり聞き取れる一方、一つの声部が長時間目立ちすぎることはない。つまり、ポリフォニーでは各声部が平等である、ということは、各声部は同質的に書かれているのである。ポリフォニーの同質性は、のちに述べるように、中世都市の見かけの同質性に通じる。

古フランドル派の絵から察すると、一声部は多くても三、四人くらいで歌われたらしい。器楽の合奏については、絵によって楽器の組合せがちがうが、一楽器は一つだったようで、のちの時代のオーケストラからは程遠い。当時の楽譜には楽器の指定はない。

大まかにいって、ルネッサンス音楽では、各声部を歌う歌手たちがそろい、ときにはさらに何人かの器楽演奏家が加わり、曲の開始から終結に至るまで、一つの「完全な芸術」を再現する。それは、旋律が一本あるだけだった時代の聖歌とは根本的にちがう。ミサだか音楽会だかわからなくなるくらいに——当時の人々にとっては現代人が考える以上にそうだったろう——力のある表現だった。音楽だけの小宇宙が開けたといってもよい。そうした音楽の現れ方は、本書で使ってきた街並の用語でいいかえれば、構成要素を限定して閉鎖系をつくっていることにほかならない。音楽の場合は、楽譜を縦に切ろうと横に切ろうと、音すなわち構成要素が完全に限定されており、全体として曲は完全な閉鎖系をなしている。

とはいえ、ポリフォニーでは、旋律があちこちから澎湃《ほうはい》として沸き上がるのだから、音が重なり合って、全体がぼんやりとした響きであった可能性が大きい。今日われわれがCDで聞く現代演奏家の歌うルネッサンス音楽は、現代風に整えられたもので、じつは当時の演奏がどんなだったかはだれにもわからない。おそらく当時は、もっと声にムラのある、アインザッツ（出だし）のそろわない、総じて雑音を豊富に含んだ演奏だったのではないか。

完全無欠な合唱というものはありえない。合唱には本質的ににごりがある。人の声質は、どの二人であろうとまったく同じことはないから、合唱が澄んだものにならないのは当然だ。そのにごりが力になる。にごりは、壁に積む石の形の不ぞろい、あるいは煉瓦の焼き方の品ムラのようなものだろう。石や煉瓦の品質がそろいすぎたら、石でも煉瓦でもなくなってしまう。それからアインザッツをそろえることは昔も今もむずかしい。アインザッツの不ぞろいは、屋根の軒の水平線の不ぞろいみたいなものだろう。軒の水平線が合いすぎると、それが定規で引いた線のように浮き上がって、かえってよくない。

「街衢《がいく》の地割の井然《せいぜん》たるは、幾何學の圖《ず》を披《ひら》きたる如く、軒は同じく出《い》で、梯《はしご》は同じく高く、家々の並びたるさまは、検閲のために列をなしたる兵卒に殊ならず。清潔なることはいかにも清潔なり。されどかくては復《ま》た何の趣をかなさん」。（『即興詩人』森鷗外訳）

一八三四年という早い時期に、アンデルセンがこういっている。右は、彼の道連れの友に、イタリアの故郷の建物群の目に快い不ぞろいを語らせた部分の前段だが、どう見てもれっきとした都市景観論である。

ついでながら、かつてウィーン・フィルハーモニーのコンサートマスターが、オーケストラのアインザッツは、ぴったり合いすぎるとアクセントのついた音になってしまう、多少の不ぞろいがまろやかさを出す、といったそうだ。それに対して、アメリカ仕こみの指揮者が、いや、ぴったり合ってアクセントのつかない出だしはできる、と反論している。理論的には指揮者のいう通りであろうが、ヨーロッパの伝統のあるオーケストラは、今も多少の不ぞろいを積極的に肯定する。音楽も建築も、機械のように精密でない方が味があるのだ。

グラスレイのポリフォニー

ヨーロッパで鐘の音を聞いて感心する日本人とは月並みながら、私にも印象的だった経験がある。ザルツブルクの聖ペーター教会付属アパートに泊まった日曜日の朝、まず窓の真ん前にある聖ペーターの鐘が鳴りはじめた。おどろくほど大きな音だった。すぐに近くの別の鐘の音も混ざってきた。さらに、三つ目、四つ目と音が増えてくるのをあっけにとられて聞いていた。

西洋の鐘は、丈が低くて、朝顔形に開いているので、音色が明快である。鋳物師は、鐘の厚さを調節して、低い部分音が可能なかぎり倍音となるように、かつ唸りを生じないように仕上げる。つまりは音楽的な出来なのだ。しかし、個々の鐘は別々の鋳物師がつくるから、音は合っていない。もちろん協和音にもならない。間隔もばらばらである。しかし、観光客には圧倒的な響きだった。あとからしらべてみると、私は、聖ペーター教会のほか、大聖堂、フランシスコ会教会、司教団教会の四教会の鐘に近い、地の利のいい場所にいたのだった。

ポリフォニーの起源には諸説があるが、石で固めた町のなかの鐘の響き合いにそれを求める説もあるようだ。もちろん私の聞いた鐘はポリフォニックではまったくない。聖ペーターの鐘が常に最大の音量をもって聞こえたからである。しかし、もしそのときもっと適当な場所に移動すれば、風向きの変化の助けも借りて、こっちの鐘が目立つかと思えば、あっちの鐘が目立つというような、ポリフォニーを聞くことが可能だったろう。

多声音楽を作曲するとき、まずソプラノ声部を書き、次にテノール声部を書き、次にバス声部を書き、とすすめるのが、おそらくもっとも素朴な手順である。当初の多声音楽はきっとそんな風に書かれた。ただし、テノールを書くとバスの入る余地は窮屈になり、バスを書いてしまうとアルトの余地は皆無になってしまう、というようなことはおこりやすかった。だから、音楽理論家アーロンがいったように、最初はむずかしくとも、ある程度熟達したら、「すべての声部を一緒に作曲する方法」をとるのがよいにはちがいあるまい。

ある通りに、一軒また一軒と家が建ちはじめるのは、ソプラノが書かれ、テノールが書かれ、という手順に似ている。同じ様式の家が何軒も建つときは、ソプラノが何人もで歌うように書かれると考えてもよい。その様子は、ポリフォニーのうちでも、教会の鐘が鳴りはじめるときのような、あるいは、一声部づつ順番に書きはじめられるような、素朴なものだろう。時代がすすめば、熟達した建築家が「すべての声部を一緒に作曲する方法」でもって街並を丸ごと設計したこともあったろうけれども。

飾りたてた破風《はふ》の並ぶ、ヘントのグラスレイ（図20）はポリフォニーそのものだ。通りは、色彩的には単に茶色一色としか見えないが、破風の一軒一軒からはさまざまな声が聞こえる。もっとも古いロマネスクのファサードは大きくて貫禄があるが、だからといって突出して声高なのとはちがう。その右隣の極端に小さい破風のファサードは、さすがに見落としそうなほどで、耳のいい人にしか聞こえない声部のようだが、健気にがんばっている。それら二つのまわりを取り囲む破風ファサード群と合わせて、どれもすばらしいデザインだが、もっとだいじなことはどの一つも自分だけ目立とうとはしないこと、そしてどの一つも大勢のなかでかすんでもいないことだ。声は大きすぎず小さすぎず、分相応の役割を果たしている。

前にも述べたが、グラスレイは世界博覧会用につくった街並だから、自然発生的な姿のままの街並ではない。かといって、作為がありすぎることもないから、昔からこんな通りがあったと考えてそう大きなまちがいはない。街路に切妻《きりづま》部分を向けた建物は、ベルギーからオランダの町々では当たり前で、とくにアムステルダムではよく知られるが、さらに北ドイツのリューベックやリューネブルクなどにも、というようにあの辺には無数にある。単に切妻を見せるのではなく、ポリフォニーの一声部とさせるために、その表面をゴシックにしろバロックにしろ、ある様式に飾りたてる。その装飾の仕方が、じつは都市によって微妙にちがう。だから、どの都市もユニークなのである。個々の建物にとって、飾るのをやめる、すなわちポリフォニーに参加しないことは可能だったはずだが、市民の連帯意識がそれを許さなかったのだと思う。

こういう建物を少し横から見上げたり、町の鐘楼から見下ろしたりすると、後方の屋根をかくしてファサードの表面だけがそそり立っていることがわかってしまうので、表面の見かけだけよければそれでいいのだろうか、という疑問を感じる。しかし、表面重視こそが西欧流なのだ。おそらく、このファサードが日本人の目にふれ、デフォルメされて看板建築になったのだろう。どうやらこれは、いくらでも薄っぺらにデフォルメされうるデザインのようである。事実、フランドルを中心とすれば、かなりはずれのチェコの田舎で、ずいぶんたよりない破風飾りを見たことがある。フランドルやその近くの本場の破風飾りでは、分厚い砂岩をがっちり積み上げて壁体をつくっているから、十分に立派で、よほど不利なアングルから眺めないかぎり、弱点を感じさせない。もともと破風は地上から見るものなのだし。

ザルツブルクのポリフォニー

ルネッサンス音楽はポリフォニーであると強調してきたが、ミサのような大曲では終始ポリフォニーということはありえない。音楽では変化が不可欠で、そういうときポリフォニーからホモフォニーに変わるのは当たり前のことだった。

ホモフォニーとは単旋律音楽のことである。グレゴリオ聖歌には一本のふしがあるだけで伴奏もないのだから、何人で歌おうともホモフォニーだ。もともとグレゴリオ聖歌のようなホモフォニーがあったから、ルネッサンス音楽のようなポリフォニーが生まれたというべきだろう。

ただし、今日ホモフォニーといえば、ふつう一本のふしを、他のすべてが支えているような音楽を指す。われわれのよく知っているモーツァルトやベートーヴェンやブラームスなどの音楽は、基本的にそのように書いてある。彼らのオーケストラ曲のなにかを思い浮かべてみよう。オーケストラの厚ぼったい曲をわれわれが口ずさむことができる理由は、一つだけ際立って聞こえるふしをつかまえることができるからだ。テーマのふしは、出現の都度、目立つように作曲してある。そういうふしを受けもつ楽器がきまると、ほかの楽器は伴奏をするか、だまっているかである。そういう音楽はたいへん聞きやすい。

ウィーン古典派以後のホモフォニーは、かつてのポリフォニーから発展してきた音楽である。そのせいだろうが、世界中の音楽で、一つのふしがこれほど分厚い伴奏音をともなって演奏される音楽はほかにない。それはすごく効果的だ。とはいえ、音楽はふしだけでは成り立たない。経過的な部分、展開的な部分などもなくてはならないが、そういうところにはポリフォニーが顔を出す。フーガになればポリフォニーだとはっきりわかるけれども、そうでなくても、ごちゃごちゃしてどうなっているのかつかめないような部分は、各楽器が錯綜して多かれ少なかれポリフォニックになっているのである。

ポリフォニーの精神はルネッサンス音楽の時代が終わったとき死に絶えたのではない。ヨーロッパの音楽の底流に生きつづけている。いや、じつは音楽だけではなく、ヨーロッパのあらゆる芸術を支配する精神として今も不滅なのである。その証拠に、二〇世紀になってから化粧直しされた街並にも、ポリフォニーによって説明できるものがある。現代のザルツブルクがそれだ。

ザルツブルクの旧市街は一七世紀に成立した。中心には大聖堂やいくつかの教会やレジデンツ（領主の住まい）があった。市民住宅はほぼ六階建てで建物上端の水平線がそろっていた。そして、漆喰《しっくい》塗り仕上げの外壁の色は無彩色というか、たいてい白だった。市民住宅は形も同じ、色も同じで自己主張しない。同質的ではあるけれど、それ以上目立ったことをしないというのは、ポリフォニーではない。いくら数は多くても、市民住宅たちはグレゴリオ聖歌風の意味でのホモフォニーを奏していた。

ところが近代になると、市民住宅の漆喰は当然のように彩色されるようになる。とくに二〇世紀に入ってしばらくすると、化学工業が発達して色彩顔料や塗料が豊富になった上、近代芸術家たちが建築や絵画に大胆な彩色をやってみせると、昔ながらの古い町もその影響を受けざるをえなかった。ふだんでも漆喰は頻繁に塗りなおすのだから、その表面の色彩化は簡単なことだったし、それで伝統的なファサードの見かけがこわされるということもなかった。

アルターマルクト（図21）でいうと、現在の色彩は第二次大戦後のもので、左から紫、青、黄土、ピンク、クリーム、クリーム、黄土、ピンク、黄緑であり、すべて高明度低彩度のパステルカラーだ。色彩化によって、元はホモフォニーだった市民住宅群が、二〇世紀になってからポリフォニーへと一変する。

淡いパステルカラーであろうとも、一軒一軒のファサードが独自の色彩をもつことにより、それぞれの声が聞こえはじめた。どれもおおむね高明度、低彩度であることは同じで、異なるのは色相だけだから、どれかが目立ちすぎることはないし、ほかのどれかがかすみすぎることもない。こんなやわらかな色彩調和、こんなやわらかなポリフォニーを、だれが最初に考えたかはわからないが、アルプスの周辺の町々で験されているあいだに固まってきたものなのだろう。はじめから色彩のマスタープランがあって、一番は何色、二番は何色というように割りふられたのとはちがう。もっと自然発生的にはじまって、いつかこうなったと見るべきだ。

アルプスを囲む町々に見られる色彩化の類似例のなかでは、ザルツブルクの色使いはもっとも洗練されたものに属する。同じようでも市外の村だと往々彩度が高すぎるものが混ざり、野暮ったく感じさせる。またザルツブルクと同程度に大きなインスブルックは、ハプスブルク家のマキシミリアンが好んで滞在した由緒ある町だが、深い山のなかにあるせいだろうか、彩度の高い色を無頓着に使う傾向があり、それが田舎名士の印象をあたえる。ポリフォニーをつくっている事実はどちらの町も同じなのだけれど。

クレーの描いたポリフォニー

パウル・クレーに「ポリフォニー」と題する絵（図30）があるが、色の感じがザルツブルクなどの街並のポリフォニーになんともいえず似ている。画面は、長方形やL字図形に分割された百ぐらいの面と、その上にびっしりと規則的に打たれた点々から成っている。面と点々は、全色相にわたって別様に変化するが、ここには赤、黄、緑、青などの原色もなければ、白、黒、グレイなどの無彩色もない。すべて高明度、低彩度のパステルカラーばかりだ。

バーゼル美術館ではじめてこの絵を見たとき、私には横幅が一メートル以上もある、クレーらしからぬ大きさが意外だった。ちょっと大味かなとも思えた。しかし、これがクレーが訪ねたどこかの街並から発想したらしいという観念に捕らえられると、急にちがって見えてきた。クレーはファサードに使えそうなくらい淡い色を選んだ結果、画面も建築の外壁にふさわしく大きくしたのではないだろうか。

よく見ると上方に青が集まっているのは空である。下方の淡い緑は芝を含む路面だろう。左方の緑は樹木かもしれない。街路は手前から奥に向かっており、その両側に建物たちが並んでいる構図らしく、建物の存在する部分にはさまざまな暖色が集まっている。見ようとすれば、長方形を建物ファサードに、点々を漆喰表面のザラザラに見立てることもできなくはないくらいだ。

絵のまん真ん中に小さな青い長方形がぽつんと一つ目立つのは、中心である透視図の消点を示しているのではないか。この消点に気がつくと、画面の四隅から中心へ向かう方向性のあることは確実に思えてくる。これはもちろん抽象絵画だから、遠方の色面や点々を小さく描いたり、遠景をぼかしたりはしていない。街並は十分に抽象化されているのだが、じっと見つめていると、この絵の原風景である街路はアルプスの近くのどこかにありそうだとの思いに誘われる。

図31に「ポリフォニー」と構図の似た一つの街並の写真を示す。インスブルックとザルツブルクを結ぶ鉄道にそう、中世らしさのとくによく残った村として知られるラッテンベルクの大通りだ。といってもインスブルックの勢力圏内に入るせいか、色使いはインスブルックに似て、各色の彩度はかなり高めである。その分、色相のちがいが鮮明に認識されるからだろうが、ポリフォニックな雰囲気は、クレーの絵に劣らず、溢れるように伝わってくる。この写真は、私の撮ったもののなかから、ふと思いついてひろった一枚にすぎないが、クレーの生活圏内にはこんな風景はいくらもあったのだろう。

「ポリフォニー」は一九三二年の作だが、当時は建築の色彩化運動の盛んな時期だった。日本美の再発見でも知られるブルーノ・タウトの「都市景観にもっと色彩を」という趣旨のコメントは、すでに一九一九年に雑誌に発表されている。そのころのザルツブルクやインスブルックの絵によっても、今日とそう変わらない色彩化された街並が存在していたことがわかっている。

クレーはその時期、「ポリフォニー」のほかにも、「動力学的にポリフォニックなグループ」、

図30　クレーの「ポリフォニー」

図31　ラッテンベルクの大通り（表紙のカラー写真参照）

「ポリフォニックにはめこまれた白」、「ポリフォニックな建築」などを、たてつづけに描いた。クレー自身は、ポリフォニーを造形の領域に借りてくることはなんら注目されることではない、という。そして、「いくつかの互いに無関係な主題が同時に存在することによって作り出されるのは、――あるひとつの事態に特有な様相すべてがただひとつの機会にのみ有効なのではないのと同様に――必ずしも音楽にだけ存在するとは限らないような事態」だと書いている。当時は、ルネッサンス時代の音楽などめったに聞けなかったのだから、クレーがどんなに音楽に造詣《ぞうけい》が深くても、こんな考えに到達していたのにはおどろく。

アルプス周辺の街並では、この「音楽にだけ存在するとは限らないような事態」がおこっていた。クレーは、それを抽象化し、理論化したのだと思う。

ヘントのグラスレイが、力にあふれたルネッサンス音楽のストレートに投影されたポリフォニーであるとするならば、創設時にはホモフォニーであったザルツブルクやその近くの街並は、二〇世紀に入ってから、ひょんなことでポリフォニーに変わった。中世都市の見かけは、音楽とのアナロジーでいえば、以上のように説明できる。

第七章　中世の町は美しい

美しさの元は秩序

前の二つの章では、東洋の街並をマンダラ、西洋の街並をポリフォニーになぞらえることによって、それぞれの特性を明らかにした。ただ、東洋の街並を一口にマンダラといっても、そのマンダラ性の程度はピンからキリまであるし、その美醜の程度もさまざまである。西洋の街並をポリフォニーというにははっきりした限界があり、むしろグレゴリオ聖歌のように一本の旋律しかないホモフォニーと呼んだ方がぴったりの場合がある。そして、ポリフォニーにしろホモフォニーにしろ、やはり美醜はまた別だ。

本章では街並の美しさを問題にしたいのだが、私はそのためのキーワードを「秩序」と考えている。秩序は、色彩調和論などでは必ず出てくる言葉で、言葉そのものは抽象的だが、たとえば、二つの色彩の組合せが調和か不調和かは、そこにどの程度秩序があるかによってきまる、と使えば実用性がある。秩序の概念は、すでに古代ギリシャ哲学のなかで重きをおかれていた。近世になって、秩序を基礎にした音楽理論や色彩調和論が個別に発展したが、もとになっている考え方はおどろくほど単純だ。美は調和によってもたらされ、調和は秩序によってもたらされる、とこういえば、最重要部分は述べたことになるほどである。

既述の街並を例とするなら、「熈代照覧《きだいしょうらん》」に描かれた日本橋（図2）は秩序のあるマンダラに見える。その理由は、たいへんな雑踏にもかかわらず、商店街の形と色がきちんとそろっていて秩序を感じさせるからであろう。また、中世らしさのよく残った町、ラッテンベルク（図31）は秩序のあるポリフォニーと見える。その理由は、家々の色彩の分布のバランスがよく、やはり秩序を感じさせるからであろう。しかしながら、実際には秩序のないマンダラといわねばならない街並はざらだし、秩序の不十分なポリフォニーらしき街並も少なくない。

長年、都市景観を研究してきてたどりついた私の結論の一つは、日本といわずヨーロッパといわず、総じて中世の町は美しいということである。中世の町は美しい――それはあまりに単純なものいいだと思われるかもしれない。しかし、街並の観察は当今のはやりで、人は日本の町はもちろん、アジアやヨーロッパの町もよく見ている。中世を美しいと思うのは私一人ではないであろう。

もっというならば、もしかしたら人類の全歴史のなかで、中世の町だけが美しかったのかもしれない。というのは、古代のことはよくわからないが、遺物や遺跡から類推するかぎり、古代が美しかったとはどうもいえそうもない。また、近世以後、街並の美しさが下降線をたどったことは、われわれ自身がよく知っているところだ。都市の歴史的変遷のなかで、たまたま中世においてのみうまく条件が整い、街並に秩序がもたらされたのではないだろうか。

古代の街並

日本の弥生時代や古墳時代に街並といえるようなものが存在しただろうか。奈良県の左味田宝塚古墳から出土した家屋文鏡《かおくもんきょう》は、おそらくもっともよい手がかりをあたえてくれる。鏡の背面の四方に四棟の住宅が彫られているが、それらは四世紀ごろの日本に存在したもので、貴人の住んでいたらしい高床の住居、高床の穀倉、平地の住居、床がくぼんだ竪穴住居などと見なされる。この四つは、屋根の形も不ぞろいで、見かけのちがいが大きいからこそ四つとも彫る意味があったのだろうが、まだ未開民族の住まい然としている。当時の集落の遺跡から判断すると、こんな住宅たちが十数軒くらい集まって村をつくっていたようだが、そこに秩序があったとはちょっと考えにくい。

ヨーロッパの古代の町をしらべるためには絶好のサンプルがある。ナポリの近く、人口約二万五千人の商業都市ポンペイは、西暦七九年のヴェスーヴィオ火山の大噴火によって、一瞬のうちに大量の灰の下に完全に埋まってしまった。近世の発掘によって、紀元後一世紀のこの町は、後世の手をまったく加えられることなしの状態で再び日の目を見た。住居内の壁画やモザイクはカラフルで細部までていねいに仕上げてあり、この廃墟の名を高めた。遺品の数もたいへんなものだった。

しかし、街並という観点からすると、おもしろみは少ない。壁には、なんの接着剤も使わない単なる石の積み重ね、多孔質の石灰岩または溶岩のモルタル固め、石の種類を変えたり表面に煉瓦を貼って装飾したものなどが次々と現れるが、変化がありすぎて建築技術がまだ試行錯誤の段階にあったことを示す。窓や開口部はつくりにくかったらしく、不ぞろいな壁の塊ばかりが目立つ。瓦は存在したが、下地の木材が燃え尽きてしまったので、瓦以外の木貼り屋根の混ざり具合や屋根の形はわかりにくい。

ボンペイは、ウィーンの前身ヴィンドボーナとは比べものにならないほど立派な町であったようだが、さまざまなファサードの混淆という一点では共通だし、街並の秩序に欠けるところも共通だ。思うに、古代ローマの町では、バシリカや神殿などをのぞむ中心広場は別にして、ふつうの商店街や住宅街の見かけには、まだ関心がもたれなかったのであろう。

中世のニュータウン、ミッデルブルヒ

代表的な中世の町といえば、西洋では、ハーフティンバード・ハウス（柱、梁、筋かいなどを外部に露出し、その間にモルタル、煉瓦などをつめた木造建築）の並ぶ通りや、漆喰《しっくい》の白一色の大壁造り《おおかべづくり》（壁の仕上げ面が柱の面より外側にあり、柱が見えない造り）の家並み、あるいは石灰岩の黄一色と見える壁構造の家々、日本では、茅葺き屋根の目立つ家屋が散在する農村や、瓦葺

き屋根真壁造《しんかべづく》り住宅が集中する都市、などが思い浮かべられよう。中世になって、個々の家屋の外装にいくつかの型ができあがったのである。それぞれの型はまず申し分なくすぐれたものだったので、東西を問わずどの町でも、いざ型がきまると大工は競って一つの型の家をつくることをくりかえした。

その結果、中世は、同質性のある建物群が一つところに集まって町を構成する時代になった。その時代は長くつづいた。歴史学的な中世は一六世紀ごろまでを指すが、同質性のある建物たちはさらに長く存続した。中世の町に秩序があったことは、右のいくつかの型の実例が証してあまりあるであろう。

現存する中世の町もわるくないが、フランドルの最初期の画家たちの宗教画では、背景にフランドルの町や村がていねいに描かれていて、もっと想像力をかきたてられる。ただ、当時の有名な画家は大勢の弟子をかかえた工房をもっていたので、比較的重要でない背景の町の描写などは弟子に任せたこともあったのだろう、大家のものでも別人の手が入ったとしか見えない場合もある。

そうしたなかで、私がこれはと注目している一つが、ロヒール・ファン・デル・ウェイデンのブラドリン祭壇画の背景に描かれている町だ（図32）。それは、三幅から成る絵の中央図、キリスト降誕の場面の右上隅にある。ロヒールの町のなかでも、一、二を争う精巧な出来だ。写真に顔だけ入っているのが、この絵の寄進者ピエール・ブラドリンだといわれる。彼はフィレンツェのメディチとも親交のあった金持ちで、一四四四年にミッデルブルヒという小村を買い取って、今でいうニュータウンを建設した。したがって、ここに描かれた町はミッデルブルヒだと推測されている。

ミッデルブルヒはどんなくわしい旅行案内書にも載っていない。ブルッへのそばなのだが、詳細な地図で地名だけがやっと見つかった。この絵のような町があるなら観光地になっているはずだから、保存されていないのは確実だろうとは思いながらも、絵に惹かれて先日行ってみた。予想どおり古い街並は残っていなかった。いや残っていないどころではない。見事になにもないのだった。その代わり、ちょっとおもしろい場面に出くわす幸運があった。

現在の町は、昔日のニュータウンの郊外に開発され

図32　ロヒールの描いた中世の街ミッデルブルヒ

たような、住戸もまばらな新開地である。そこに、ただ一つ不似合いな、多少古そうな教会がぽつんとあった。人っ子一人いないのに不思議にドアが開いている。思わず入ってみると、祭壇の横で職人風の男が二人仕事をしていた。ちらっと見てあっと気がついたが、二人は正にブラドリン祭壇画の複製をつくっている最中だった。

わかってみると、ドイツ系の四角い顔をした年長の修復画家と、ひょうきんな助手である。画家は、原寸のカラー写真とその模写を見比べながら、「本物はベルリン国立絵画館にあるんだ。しかし、このカラー写真はよくできているから、十分仕事になる」と話してくれた。「なにしろ当時から二二回戦争があったんだ。二二回だよ。町はひとっかけらも残っていない」と助手がいう。だれがどう数えたかは知らないが、この辺は、数えきれないほどの戦火に見舞われて不思議はない軍事上の要衝《ようしょう》だ。ブルッヘくらい有名なら国をあげて修復するだろうが、ミッデルブルヒでは無理だったのだろう。

「最近、この絵の城の礎石が発見された」そうだが、一方で、「この絵の町がミッデルブルヒである保証はない」らしい。ただブラドリンの棺は、教会の祭壇の横に安置されており、彼の存在と彼が町の建設にあずかった業績は歴史的事実としてまちがいないという。小さな町にとって、疑問は残るにしろ、これほどの有名な絵に昔の姿が描かれているのがいかに誇らしいことかはいうまでもないだろう。その模写の現場に行き合わせた私にも来た甲斐があった。

手前左側が城だが、むしろ居住用の館といった方がよい。右側も大きな館である。二つの館のあいだが市内への入口になっていて、街路が奥の方へつづく。時代はゴシックだが、まだ二、三ロマネスク風の建築も混ざっている。奥へ向かう街路の右側の家並みを観察すると、様式が完全にそろっていないことがわかる。とはいっても、かつて繁栄した地域ならではの、破風《はふ》を贅沢に飾りたてた石造建築が中心で、十分に秩序があり、十分に美しい。絵では、まちがっても制作時現在よりあとの建築様式が描きこまれることはないから、ロヒールによって美化されているにちがいないとはいえ、ここには一つの本物の中世の町がある。

近世以後の街並

長い中世が終わると、その街並の秩序も徐々に失われざるをえなくなった。

西洋の都市から見ていこう。同質性のくずれは、一九世紀からはじまった。装飾のかぎりをつくしたバロックまですすんできた様式は、ついに進展の方向を見失った。その様子はウィーンのリングの建設で見た通りである。ギリシャ、ゴシック、ルネッサンス、バロックなど──正確を期すならすべてに「ネオ（新）」の接頭語をつけるべきだが──の様式のビルが混ざっているさまを「リング様式」というが、これはもちろん戯称だろう。

ウィーンにおけるほど露骨にではないが、「リング様式まがい」はヨーロッパのよその都市にも出現した。まるで様式オンチであるかのように。かつての様式的統一は放棄された。その先どうなるかがだれにもわからない状態、しかしあとから考えれば近代化の準備完了のような状態ができあがっていた。

様式的統一の放棄とは、構成要素の限定の放棄を意味する。それは、特定の、同質性のある楽器しか参加できなかったオーケストラが、なにが入ってきてもいいものに変わったことにたとえられる。音はにごる一方だし、将来どれほど音の合わない楽器が参入してくるかも予想できない。伝統的な音楽を鳴らす力はもはやない。「リング様式まがい」に侵された都市は、音楽とは比較すべからざるものに変質しはじめた。ポリフォニーにもホモフォニーにも比較できないものへ、音楽とは比較不可能な道へと歩みはじめたのだ。二〇世紀になってからの、様式をもたない近代、現代建築群の参加は、だれの想像をも上まわる力で、右の傾向を決定づけたのだった。

日本の都市も一九世紀から変わった。日本には様式の変化がないので、中世の建物は江戸時代の終わりまで無傷できた。その代わり、明治維新にはじまる西欧化が迅速かつ徹底的だった。そのとき以後のわずか一三〇年のあいだに日本家屋はすっかり西欧風ビルに取って替えられた。わが国のように人口が稠密《ちょうみつ》で、したがって建物が稠密に建つ国で、相対的に寿命が長い建築物の建て替えには、一三〇年はわずかな期間だ。しかも、この間に建て替えが何度もくりかえされただけでなく、新築はさらに多かった。数の問題だけではない。新しいビルは過去の日本の家屋とはなんのつながりもないものだった。様式がちがうどころの話ではなかったのである。

明治のはじめのビルはまるでロンドンからもってきたように見えた。しかし、その後、ビルのデザインは地域性を失う。現代ビルは西欧から発したものにはちがいないが、どこにでも建てられているうちに、まるで自動車みたいに出自《しゅつじ》がわからなくなった。で、どういう風土に合うのやら、どういう民族に好かれるのやら、一切不明の無国籍ビルが、ヨーロッパにも、アメリカにも、そして日本を含む非西欧地域にも建っている。総ガラスがある地域に集中したり、打放しコンクリートが別の地域に集中したりするのならまだ理解できるのだが、そうではなく、総ガラスがどこにでも建ち、打放しコンクリートがどこにでも建つ。一つの都市にあらゆる種類の建物が建つから、都市の同質性がなくなる。世界中の都市という都市は、同質性がないという点でどれも似たようなものになってしまった。

似た造り・似た配色が集中して見える図柄は調和である

中世の町のもつ同質性が秩序をもたらすとすると、その点は色彩調和論を使って分析できそうだ。色彩調和とはいっても、都市のような複雑な対象を扱う場合、あまりこまかいことを詮索しても意味がない。街並を遠方から眺め、そこにざっとした秩序があるかどうかを見定めることができればよいいし、そのくらいのやり方の方が応用範囲が広かろう。

二つの法則が立てられる。

一つは「似た造り・似た配色が集中して見える図柄は調和に属する」という法則だ。まず家々

図33　シュヴェービッシュ・ハルのハーフティンバード・ハウス群

の造りが似ていなくてはならない。配色が似ていなくてはならない。家々は集中して見えるように配置されていなくてはならない。以上の結果できあがった街並は調和がとれているのだ。

　自然界では、動植鉱物とも、地域によって似たものが集中している。人間では、かつては黄色人種、白色人種、黒色人種がきれいに棲み分けていた。白人の、変化に富んだ髪の色も、かつては棲み分けができていたはずである。哺乳類でも昆虫でも、これらは今も、同種のものが一地域に集まっている。植物は、今はかなり人間の手が入ったが、かつては同じ樹種が集まって森をつくり、同じ花が一つところに咲き乱れていた。相似た配色対象が集まっているのが本来の自然である。人工物がそのあり方を模倣してわるいことはない。

日本の瓦葺き屋根真壁造り住宅が建てこんだ通りや、ヨーロッパのハーフティンバード・ハウスが並ぶ街道は、文字通り、似た造りと似た配色が集中して見える図柄を構成する。図33はそういう一例、ドイツ南部の町シュヴェービッシュ・ハルのハーフティンバード・ハウス群である。ていねいに見ると、個々の建物の造りは正確に同じではない。屋根の形といい、軒の高さといい、ファサードのデザインといい、それぞれが好き勝手だ。しかし、少しずつちがうのが自然らしいのであって、精密に計算したようにそろってはかえっていけない。

そして、各部の色彩は自然に多い暖色からなる。木部が暖色なのは当然としても、石もグレイっぽく見えてもわずかながら暖色だ。漆喰や塗料は、現代人はどんな色にでも仕上げられると思うだろうが、中世に青や紫を出すことはたいへん高価についた。で、それらも、暖色か、白（じっさいは白に近い象牙色）か、黒（じっさいは黒に近いこげ茶色）だった。

図33の写真の手前には落葉した冬の樹木が写っているが、それが家々の木骨にぴったり釣り合っている。ハーフティンバード・ハウスは、単に建築技術の発達が必然的にもたらした様式というよりは、もっと意図的に自然を真似たあげくに到達した様式だと思わせられる。

全体が一色の印象をあたえる図柄は調和である

今一つの色彩調和の法則は、「全体が一色の印象をあたえる図柄は調和に属する」というものだ。街路に面する各戸のファサードの集合は、石造であろうと漆喰仕上げであろうと、少しずつ色がちがおうと部分的に異なる色が混ざっていようとかまわないが、全体として一色の印象をあたえなくてはならない。街並がそのように見えるとき調和は達成されている。

　自然界でいうと、雪景色のきれいさの理由は、白一色の印象をあたえるところに求められる。雪の白のなかに、木の幹や枝や小道が黒く見える。もしそれが紅葉時の初雪だったら、黄葉や紅葉も混ざって見える。しかし、印象としては白一色である。ちょうどモンドリアンの抽象絵画の配色だ。

図34　クリムトの「アッター湖畔の別荘」

　あるいは緑の田園風景は緑一色の印象をあたえる。前景に緑の庭園、背景に緑の林があって、中央の一軒の別荘にも緑の蔦が這っているような図柄では、当然、印象は緑一色になる。クリムトの「アッター湖畔の別荘」（図34）はそんな絵だ。一色の印象をあたえる図柄は、やはり自然の模倣から発している。

　ヨーロッパの石の色は、地質のちがいがあって、地域ごとに異なる。中世都市は、往々町ぐるみ一種類の石で固められたから、その石一色の印象が地域のユニークさをも伝えた。

ロンドンの北西方、コッツウォルズ地方の町々は、どこもその地方産の黄色い魚卵状石灰岩からなるから、緯度の割には黄色みが強い。代表的なチッピング・カムデンのハイストリートは金色一色といってよいほどだ。フランス中央部のオーヴェルニュ地方の火山地帯では、暗褐色の薄黒い花崗岩を産するので、周辺の村々は黒ずんで見える。とくに、ロマネスク教会で名高いオルシヴァルは、教会も住宅も同じ花崗岩造りの上、黒い屋根瓦を載せているので見事に黒い。イタリア、トスカーナ地方のシエナの「焼けたシエナ」と呼ばれる色は、石灰岩を焼いてできた赤みの強いカーキ色のことである。色自体は地中海沿岸にめずらしくないが、この色名が有名である理由は、一つにはこの町は起伏が多く、「焼けたシエナ」一色に見えるアングルが町のなかのあちこちに見つかることによるからかもしれない。

日本家屋では一色の印象をあたえる例は少ないが、明治時代の日本橋や川越で流行った黒瓦黒壁土蔵造りの並ぶ通りは、まちがいなくこの範疇の調和に属するだろう。

次は少し変わった例である。ライン川上流に沿ったスイスの小さな町、シュタイン・アム・ラインの見せ場ともいうべき一並びの家々のファサード（図35）は、さまざまな壁画で覆われていて、一見そこに統一があるとは見えない。色相もさまざまだ。けれども不思議なことに、顔料の制約のせいで、全体にソースをかけたような茶色一色の印象がある。

もう一つ、本書に何度も登場するブルッへの街並も、ロデンバックによるならば、混色して一色に見えるものに属する。

図35　シュタイン・アム・ラインの壁画つき家並み

「ブリュージュの町の通りの灰色は、なんとも侘しい。この灰色は、修道女たちの頭巾の白色と、司祭たちの法衣の黒色、この町の通りをたえず行き来し、いたるところに染み込んだとみえる白色と黒色とが混ざってできたものとも思える。永遠に漠とした喪の期間がつづくようなこの灰色の、神秘な妖しさ。

それにまた、町のどの通りでも、家々の正面が無限の細かい色合いの変化に富んでいるのだ。薄い緑色のペンキを塗った家、目地の白い色褪せた煉瓦の家があるかと思えば、すぐ横には、渋い木炭画、腐蝕銅版画《エッチング》の色の黒い家々が並ぶ。隣の家の色調がいくらか明るかったのを、この黒色がつぐない、補っているようだ。そして、ともかくこの全体から、灰色が発散し、漂い、岸壁みたいに並んだ石の壁沿いに広がって行くのである」。（ロデン

バック『死都ブリュージュ』田辺保訳）

ブルッヘでは屋根の赤みが濃いので、塔から町を見下ろす観光客にはおよそこうは見えない。で、人はよくこの灰色を詩人の幻想だといいたがる。しかし、下方から見上げる街並には、ときに無彩色一色の印象をあたえる構図は確かに存在する。

自然の模倣の極意

ゲーテによると、美術の表現においては、「自然の単純な模倣」は客観的な描写であるにすぎず、創造のもっともプリミティブな段階にあるという。

その上には、「手法」という、ものを主観的、個性的にとらえる段階がある。山中の緑に囲まれた立地における白一色の家は、周辺の緑とあざやかなコントラストをなす。郊外の、開発がはじまった敷地に建つ、同一配色の数軒の煉瓦造住宅団地は、開発途上の環境の色はかまわず、建物相互の釣り合いを取ることだけをねらっている。これらは、人工物である以上、自然とそっくりな、自然との境界がわからないようなデザインを排し、人工物の美しさを強調する「手法」の結果の例に挙げられよう。

さらにゲーテは、「手法」のさらに上に、「様式」という、ものの本質を目に見え、手でとらえられる形にまで高める段階があるといっている。江戸時代の和風住宅やハーフティンバード・ハウスなどは、まさにその例だ。どちらについても、これだけのものを創造し、他のたくさんあったであろう類似品を抑えて、広い地域にわたる伝統にまで育てたことが、先人の偉大な達成でなかったはずはない。それらは、もちろん「自然の単純な模倣」でもなければ、自然を主観的、個性的にとらえ直した「手法」の結果でもない。自然の本質を追求したあげく、「様式」の高みにまで至った例とするのが至当であろう。

ゲーテのいう「自然の単純な模倣」、「手法」、「様式」の三段階は、主に絵画を念頭においた言のようだが、そんなに窮屈に受け取ることはないように思う。ゲーテの時代までの建築は、広い意味で、自然の模倣から発したものだったから、創造の発展段階をこのように考えることは理にかなっていた。

しかしながら、現代建築はちがう。現代建築は、自然の模倣から大きく離脱した。あたかも自然の対極にあるかのごとき人工的な工業製品をさまざまに組み合わせて、どこからどこまで人工的な見かけのものに変わった。煉瓦や瓦のような原始的で、親自然の建築材料でなくても、鉄、コンクリート、ガラスなど人間が古くから使ってきた建材ならまあまあなのだが、その後の金属加工品、プレファブ製品、プラスチック製品など、とりわけ当事者以外には原材料がなにかもわからないような高度な工業製品となると、まったく次元の異なる産物だ。あとから考えれば、工業が発達したあげくの果ては、こうなるほかはなかったのだろうが。ゲーテのいう「様式」を、わるい意味でこえたのが現代建築だといっていいかもしれない。

今われわれは、自然の模倣という、かつて人類がなじんでいた原始的な技術に少しは立ち返っていい。建築表面の見かけを自然に似せる、といっても程度問題ではあるが、それは少なくとも現状よりは推しすすめてみたい。なによりも木や石のような自然の材料をもっと利用するべきだろう。工業製品については、自然への親近性はピンからキリまであるが、建材としてできるだけ親自然の工業製品を選ぶべきだろう。そうすると、たくまずして、自然の模倣に近い、似た造り・似た配色が集中して見えることや、一色の印象をあたえることなどの法則が満たされる方向に向かう。

もう一つ、自然の材料、親自然の工業製品を使うと、地域の特性をもった建築が復活する。自然は世界中でちがう。石や木と一口にいうけれども、石も木も風土と分かちがたくむすびついているから、世界中でちがう。もともと建築は、その地で集められる材料を使って建てられていたのだから、他地域とちがう特性をもっているのが当然で、かつてはよそと同じものをつくる方がよほどむずかしかった。広く流通している国籍不明の工業製品を減らし、その土地特産の建材を増やすようにすれば、建築は自ずと再び地域性をもつ。ひいては都市が再び個性をもつ方向への道も開けるだろう。

西欧都市のマンダラ化

西欧の都市も今日マンダラ化してきた。

都市が開放系だとマンダラになりやすいことは前に述べた通りで、日本の都市は、奈良朝のころから、マンダラの傾向を濃厚にもっていたし、明治維新以後の和洋混成文明はまがうかたなくマンダラ性をもっている。それに対して、西欧都市の閉鎖系すなわちポリフォニーらしさというものは、ヨーロッパの成立がほぼ一二世紀だから、それ以前へはたどりにくい上、地域によってはホモフォニーになぞらえた方がよい場合があるし、様式の統一がくずれる一九世紀以後をうまく説明できないしで、やや適用範囲が狭い。

ヨーロッパでも、現代都市を考えるときは、それを開放系と取り扱うべきではないか、つまりマンダラ性をもっていると見なすべきではないか、と私は考えている。このごろはヨーロッパのどこの都市でも、次のような風景が見られるようになった。

都心を占拠するスーパーマーケットやファストフードのチェーン店などは、もとはアメリカ発だろうが、建物というよりは全体が巨大な看板だ。ガラスごしに見える客たちが看板のなかをうごめく。大口を開けて食べ物をほおばる顔々も、町になくてはならない風物になった。建物の壁から離れて突出する、または風にひらめく広告や看板はどうやら日本発である。縦書きも横書きも自由な日本語のようにはいかないが、建物に取りつけられた文字情報成分はどんどん増えた。自動車はもとはまちがいなく地元の西欧発だが、こんなに色とりどりのカーがひしめき合う町を一九世紀のだれが想像しただろうか。いずれも、昔は都市の構成要素と認められていなかったが、今はそれらぬきで都市を語ることはできない。そして、繁華街では、白色、黄色、黒色各人種がほぼ同等に入り混じり、町の主がどの人種かなど、もはや特定しにくくなっている。こういう状態は、都市に存在するものはなんであろうと街並の一部として参加できる状態だから、開放系というほかはない。

われわれにとっては日本の都市の西欧化が関心事であるが、じつは西欧の都市には逆に日本の影響——ほんとうはアジアの影響というべきだろうが——があるのだ。今日、西欧の建築家を含む芸術家たちの訪日は頻繁で、日本を知らない有名建築家はまれであろう。長期滞在をくりかえし、日本文化にのめりこんでいる芸術家も少なくない。それは、浮世絵の影響を強く受けたろうといわれる、一九世紀のフランス印象派の画家たちが、一人として日本の地をふまなかったこととは対照的だ。建築家は、和風建築をそのままヨーロッパに建てたりはしないから、日本の影響は、さしあたり、広告や看板のデザイン、紙や布を使った飾りつけなどの表面的要素、日本のデパートの支店や日本料理店などの特殊な用途の建物の内外、まるで「日本」というラベルを貼りつけたような衣服や日用品などの雑物、そして日本人観光客といった存在くらいでしかわからない。しかし、こまかく分析すれば、日本の影響はいくらでも出てきそうだ。現代では、東から西への文化もとうとうと流れているといわなくてはならない。

右のような西欧の町の実情は、一口にいえばグローバル化だろうが、本書の文脈にしたがえば、マンダラ化がすすんでいるといわなくてはなるまい。まだアジアの町ほど徹底したマンダラではないが、たとえばロンドンなら、人種のるつぼと化した雑踏する街頭、店内から通りまでなにもかも丸出しの飲食店、焼き肉やアイスクリームの屋台、生ゴミの山、手書きの下手くそなポスター、落書きなど、マンダラにふさわしい構成要素が一通りそろったような地区が現存する。チャイナ・タウンは昔からあるが、これほどあけすけになんでも見える一角はどう考えても昔はなかった。すでに九分通りマンダラだといってよい。白人の多く住む町は今も昔のロンドンの面影をとどめているが、アジア人の優勢な地区ではマンダラ化の進捗《しんちょく》がいちじるしい。

ドックランズに見る秩序

現代都市の美醜を判断する際にも、似た造り・似た配色が集中して見えるかどうかや、全体が一色の印象をあたえるかどうかなどをしらべることは有効である。二つの法則のどちらかにかなえば秩序があるはずだからだ。ロンドンで一六六六年の大火以後最大の再開発といわれるドックランズを眺めてみよう。

英語のdocklandは一般に波止場周辺地域をいうが、the Docklandsというときはとくにロンドンの波止場地帯を指す。話は大きい。ロンドン港は一世紀にローマが建設して以来、ヨーロッパ屈指の国際港だった。とくに最近二百年近くのあいだ、世界を股にかけた大英帝国の、世界最大の港だった。しかし、一九六〇年代を繁栄の絶頂期として、そのあとの衰退が速い。わずか二年ほどのあいだに船積み技術と貨物処理方法が革命的に進歩し、コンテナ化やフェリー化が可能になると、三万人いた港湾労働者が三千人で間に合うようになった。船はもはや一日かけてテムズ川を上ってこなくなる。ドックの閉鎖は六〇年代末からはじまり、一九八五年にはあらかたのドックはなくなった。あっという間の出来事だった。

広大なドックランズが、今や、摩天楼とオフィスとアパートの混ざり合った都市、一大国際金融センターとして再生している。まだ完成には程遠いが、もう都市の輪郭が十分わかる程度にはできあがっている。なによりも、中世とはいかないが、その流れをくんだ近世すなわち英国最盛期の歴史的建造物が立派である。有名なタワーブリッジ、高価な毛皮を保管したことから「スキン・フロア」とあだ名がつけられた倉庫、象牙取引のセンターだったアイボリー・ハウス、ゴシック様式で際立つアビー・ミルズ揚水場、元ガリオンズ・ホテルなどなど。保存指定されたものは数えきれない。

そして、新しい建築は、数においても大きさにおいても、古いものよりはるかに優勢である。もっとも集中的に新建築が建っているカナリー埠頭国際金融センターは二四のビルからなり、一番高いビルは英国一である。

図36　ドックランズのヘロン岸壁

ヘロン岸壁に並ぶ低層のシャレー（スイス風の農家）たちでいうと、大胆な斜めの屋根と原色の色使いが目立ち、そこでは似た造りと似た配色が集中しているのがわかる（図36）。その後方には、せまい水面をはさんで、ちょうどカナリー埠頭のビル群が眺められるが、それらは明るいグレイ一色の印象をあたえる。カスケイズという名のアパートは巨大すぎて評判がよくないが、その近辺の住宅と併せると黄土色一色の印象をあたえるので、そう見るかぎりは調和だ。二つの法則にかなう実例は、ドックランズの随所で発見されよう。

新しい建築の大半は、ポストモダンの時代に入ってからのものなので、歴史的建築との釣合いは概してわるくない。おそらくは古い建築が残っていることがヒントになって、新建築のデザインにもよい影響が現れたのではないだろうか。

日本の再開発に見る秩序

同じようでも、ドックランズでなく東京湾岸の開発だと、デザインのよりどころになる過去の遺産が皆無なので、設計の自由度は大きく増す。そこでは、制約がなくなるかわりに、歴史にも伝統にもおかまいなしの、日本型の開発がすすんでいる。多くの建物は、一つ一つを見るかぎりはわるくはないが、湾岸地域の周辺建物との釣合いはどうかと問われると、疑問符がつく。

現代日本の街並には好例もなくはない。ただ、ふつうは町内の広範囲の街路を美的に支配することはだれにもできない。せいぜいできることは、あるかぎられた範囲ではあっても、町当局が条例で規制するか、または大土地所有者が統一的な町づくりをするかくらいだ。それぞれの成功した実例を一つずつ挙げよう。

琵琶湖沿いの城下町彦根の中心部には、築城時から京に通じる幅員六メートルの京橋通りがあるが、近年は交通渋滞に苦しんできた。そこで市は通りを一挙に三倍の幅員一八メートルにまで拡幅整備するとともに、一戸一戸の持ち主の協力をえて通りの両側を江戸時代そっくりの家並みにつくりかえた。条例では、建物の高さ、建物の街路からの後退距離、修景基準などを定めているが、色彩に関しては「城下町にふさわしい落ち着きのある色調とし、黒、白、灰および茶系統を基調とする」とある。屋根や庇の日本瓦、漆喰塗り壁などの色彩は自ずときまるが、木部については、さらに「生地仕上げ・灰墨入り紅柄《べんがら》仕上げまたはそれに類する色」とこまかい。塀の木部の場合には「古色仕上げ」という表現も出てくる。条例にこれだけの言及があれば、似た造り・似た配色の集中は容易に果たされたであろう。

この通りは、完成後「夢京橋キャッスルロード」と名づけられ、三五〇メートルの区間に約九〇軒のよくそろった家々が並んで快い。ただ難をいえば、これは江戸時代の町家の保存でも修復でもない。現代に昔の町家を新築する矛盾、車道と歩道が区別され、並木が植えられるほどの広い街路に、もともとは狭い街路向きの日本家屋が建つ矛盾などには、多少の異論が出ても仕方がないかと思う。

代官山のヒルサイド・テラスは、一人の建築家、槇文彦が、大地主の一貫した委嘱により、約三十年にわたって、一つまた一つと設計してきた建築群である。みんなで八つほどある建物のファサードは、打ち放しコンクリートあり塗装面あり、タイルありパネルありでさまざまだし、建築のスタイルもわずかずつ異なる。しかし、大きく見ればよく似た建築たちだ。とくに、すべての建物の基調を白みのグレイ——厳密にいえばわずかに黄みのあるグレイ——で通していることが、統一的な町づくりを感じさせる。

この一角を眺めれば、どんなにデザインに鈍感な素人でも、一つの方向性をもったデザインの力を感じるにちがいない。ここでは、槇のファサードが白みのグレイ一色であるだけでなく、歩道のタイルや近隣の建物にも類似色があるため、それらにも助けられて、界隈全体に一色の印象が強くなっている。惜しいことに、通りは歩いてもあっという間に通り過ぎてしまうほど短い。東京のスケールのなかでは欲求不満が残るのである。

右のような例とちがって、各戸が気ままに建ち並ぶふつうの街並で、似た造りと似た配色が集中したり、全体が一色の印象をあたえたりすることは、めったにおこらない。まれに、ほぼ同年代の建築家たちの設計した建築の集合が、よくそろって見えることがある。そういうときは、たいてい彼らのディテイルや建材の色の扱い方に大きな差がない場合に当たる。街並づくりでは、個々の建築のレベルが質的にそろっていることがだいじであって、一人の有名建築家による目立ちたがり屋の前衛的建築は歓迎されない。

とにもかくにも、ここまで述べてきたような考えの結果、家並みの秩序はえられたとする。昔の町ならこれでほぼ出来上がりだった。その家並みに他のものが加わってマンダラ化されるとはいっても、増加する構成要素は知れていたからである。しかし現代都市はちがう。構成要素に大物がいるから、その一つ一つのデザインの出来不出来がだいじだ。一社のバス、一社の瓦といえどもないがしろにはできない。

一九八〇年代のはじめに、黄の地に赤い帯の入った都バスが出現して、都民の顰蹙《ひんしゅく》を買ったことがある。黄も赤も、原色ではないにしてもかなり高彩度であったことが問題で、注意の黄や危険の赤のサインとまぎらわしいこと、生活者の身近にある色としてふさわしくないことなどが疑問とされた。急遽設立された「公共の色彩を考える会」の意見は都の聞き入れるところとなり、バスのデザインは改善されて一件落着した。以上は昔の話。だが、最近、規制緩和の動きに乗って、車の外装に広告を施す車体広告が全国で増えつつある。東京でも、色彩のあばれる電車やバスを頻繁に見かける。これは、昔の都バスの色よりも、もっと大きな問題ではないだろうか。

瓦の色については、悔むべき事例がある。高度成長期のはじまるころから、都市といわず農村といわず、青瓦が流行しはじめた。住宅需要に後押しされて窯業《ようぎょう》技術がすすみ、かつての銀鼠瓦とは別にさまざまな色の釉薬《ゆうやく》瓦が大量生産された。なぜとくに青瓦が好まれたのかはわからないが、服飾ではポピュラーな青を、住宅にもと誤ったのだろう。心ある人がだれもいいといわないものが、これだけ流布《るふ》した。青瓦の跳梁《ちょうりょう》は今もつづいているが、初期の青瓦は耐用年限がきて無彩色のものに葺き替えられる傾向にあり、少し減ったとも聞く。日本の土地には、グレイの瓦以上のものは考えられない。この問題はいい加減に収まってほしい。

問題はなお山積しているとはいえ、日本の現代都市の中心地区も少しずつ美しくなった。それをヨーロッパと比べたらどうか。私の見るところ、かりに大都市同士を比較すれば、ヨーロッパの中心地区は、まだ日本よりまとまっているとはいえ、両者の差は少なくなった。二、三十年前はヨーロッパはもっと日本を引き離していたが、現在は、ヨーロッパではマンダラ化を扱いかねて町が以前よりきたなくなったのに対し、日本では、例は多いとはいえないが、地域再開発の際に街並のマンダラが少しずつ整うこともあったからである。

差があるのは、大都市の場末の商店街や小都市のメインストリートだ。そういうところでは、行政のおもちゃにされない分、歴史がものをいい、民度が露骨に出るのだろうか。ヨーロッパでは大都市の中心地区よりも落ち着いた街並が随所にあるのに対し、日本では、だれもが知っているように、大都市の中心地区から遠くへ離れるにつれて街並の格が下がる。端的にいえばきたなくなるのである。

第八章　都市における古さの価値

老いの美しさ

現代の建築材料が、自然の模倣に近い初期の工業製品から、原材料がなにかがわからないほどに成熟した工業製品に変貌したについては、見すごせない点がある。その見すごせない点というのは、工業製品では通常、新品がもっとも美しく見えるという一事である。建材は新品が最上、から発して、建築は竣工時が最上、街並も新都市完成時が最上、というのが新しい常識となった。今の人は、建築とは、電気製品と同様に、新品が最高の状態にあるもので、あとは劣化するばかりと思っているのではないだろうか。しかし、伝統的なものの考え方はちがう。

木造建築でも、石造建築でも、煉瓦造建築でも、古くなるとなんともいえない味が出てくる。木の柱や梁が黒ずんだり、ひび割れたり、反ったり、石積みの壁が部分的にくずれたりすると、かえって美しくなる。古い瓦もわるくない。「畳は新しいほどよい」というけれども、古畳が古い部屋にぴしっときまっているのもなかなかいいものだ。紙や布だと、古びて貫禄が出てくることがある。古紙は、古くなって干からびたさまを、人の皮膚の老化のように目の当たりに見せる。ある著名な染師によると、天平時代の染織は褪色してもそれなりに美しいが、化学染料で染めたものは、ときを経るときたなくなるばかりだ、という。親自然の材料で構成された昔の建築は、できたてがよかっただけでなく、歳をとっても、老いの美しさを思わせるようなところを残していた。
現代の、化学に依存した工業製品では、工場から出荷するときの姿だけがイメージされていて、古くなってほろびる過程が考えられていない。最初が一番美しい所以だ。もちろん環境にうるさい時代になったから、最近では、どのくらい長くもつか、リサイクルが可能か、不可能ならどう始末するか、などは検討するようになっているだろう。しかし、製品の美しさの経年変化まで問題にしているとは思えない。新品が最上という事実には変わりはないのである。

なぜ新品が最上ではいけないのか。答は、いくらでもあるだろうが、ここではやはり都市で考えてみなくてはなるまい。ヨーロッパの中世都市では不変性がだいじだった。その伝統は、近代以後、紆余曲折はあったが、おおむね今日まで受け継がれている。江戸時代の終わりまで木造建築ばかりを建てつづけた日本では、火事が多くて不変性どころではなかったが、日本の都市も今は西洋産の建築で埋めつくされている。しかも、洋の東西を問わず、高度経済成長期はすぎ、エネルギーや資源の枯渇、ごみ処理の困難などが当たり前の状態となった現時点で、建築には、なによりも長くもつことすなわち不変性が求められている。

昔のヨーロッパでは、永遠なるわが町というプライドが市民の心の深いところにあり、それに対応するものとして、長くもつ石造の都市があった。今はどうか。現代人は、人類ができるだけ長く地球上に生きつづけられるように、都市や建物を長くもたそうと叫ぶ。現代人は、物質的な過不足が生じないように、地球全体で帳尻を合わせようと躍起になっている。少なくとも現代の世界の有識者たちはそう考えているようだし、それが現代の正論である。だが、別の観点から見ると、「わが町」が単に変わらないことに価値を見る人々は、今でも世界の多数派だ。そういう人たちが、ヨーロッパやアメリカにはもちろんのこと、日本にも少なくないことは、理由はなんであれ、町を変えたくないという住民運動がよくおこることからも明らかだ。

地球とか資源とかと大言壮語しなくても、町は変わらないのが一番だ、という考えは今も生きている。日本でいうと、生きているというよりも、徐々に芽生えてきたというべきだろう。木造建築を建てては燃やし、建てては燃やししていた昔に比べ、西洋産の鉄筋コンクリート造や鉄骨造をわがものにしてからは、われわれも建築、都市に関して、もはや建て替えを当然のこととする思想――木造建築の建て替えのいそがしさは、日本人の無常観の形成と無関係とはいえないだろう。われわれは頻繁な建て替えをわるいこととは考えてこなかった――をふりまわすことはできなくなった。

建築も都市も、長くもつことに意味がある。長くもつべきものが、建設時が最上ということでは話にならない。

都市の歴史の長さ

「家も人がそこに住むに連れて家らしくなつて来るので、普請《ふしん》が終ると同時に家になるのではない。家が集つて出来た場所も同じであつて、そこを故郷と思ふものがあるやうになるまでには何十年か掛る。そのことを考へて、我々はただ待つ他ないのである」（「甘酸つぱい味」）と作家の吉田健一が正論を述べている。

「どこにゐてもさうだらうが、東京でもそれが自分が住んでゐる町の様子といふことになつて、これが単に自分の住居がある町といふことではなくなつて来るのに或る程度の年数が必要であることは言ふまでもない。又それは理想的な環境などといふものとは関係がないことで、（中略）理想とはどれ程掛け離れたものであつても、自分が長年ゐる場所が自分の生活に入り込んで来て、それと結び付き、文字通りにその背景をなすに至る」（「定本落日抄」）ことに意味があるのだという。

吉田健一は、吉田茂（外交官のち総理大臣）の息子で、成長期にロンドンの小学校に通ったこともあれば、ケンブリッジ大学に留学したこともあるという、日本人離れの経歴の持ち主だ。だから、彼の感覚は日本人としてふつうではない。といっては短絡だといわれそうだが、右のような正論を、専《もっぱ》ら日本の町で育った日本人はめったにいわないのである。随筆からの引用だから、ていねいな説明ではないが、右には、建物が長くもつべきものであること、町は故郷となるべきものであること、故郷は理想郷（ユートピア）とは無関係であること、などの重要な指摘が鈴なりだ。

こういう発想がどこから生じるかを知るには、少し長くなるが、次の引用のなかに答があろう。

「今の東京などにはまだ勿論望めないことであるが、何百年かの歴史がある大都会がその大きさ故に、そこに住んでゐる人間の生活を少しも拘束せず、その様々な生活とは別箇に風格があるのはいいものである。建物一つでもそれだけの年数がたてば、そこになくてはならないものに思はれて来るが、これが一区域毎にその場所の個性が出てゐることになれば、街を歩いてゐても、ただ街を歩いてゐるだけでなくなる。そしてこれは、こつちが都会に住んでゐる有難さで全く無名の一箇の人間である為に、一層強く感じられることなのである。

パリにコンコルド広場からギリシヤ風の様式をしたマドレエヌ寺院の方へ行く通りがあつて、この通りは誰にでも歩けるし、又ここを行くものは誰もがただの通行人でしかないのであるが、この通りは世界でただ一つしかないことをいやでも認めずにはゐられないものが、歩道の敷き石にまで染み込んでゐる。この印象は得難いものであつて、その為に我々は最も一般的な人間といふものの立場に連れ戻されてそこから文化とか、歴史とかに就て考へる余裕を与へられる。或は、そんなことをしなくても、我々から無駄な虚栄心や思い上りが一切剥ぎ取られ、その為に全く一箇の人間になつて足を運ぶことが出来る。そしてその足で飲み屋に入り、店で買ひものをする。一市民であるといふのはさういふことなので、市民として自覚したりする必要がある間はまだ都市は完成されず、市民の生活もまだ出来上がつてはゐない」。(「甘酸つぱい味」)

なるほど、吉田健一のものの考え方の原点には、こういう情景があったのかと合点がいく。すぐあとには、ロンドンの例も出てくる。「テエムス河の河岸に立つと、自分が前からそこにゐて向う岸の建物を眺めていた感じになり、それはテエムス河が前からそこを流れ、ロンドンがその河岸にあつたことが動かし難い事実になつて迫つて来るからである」と。蛇足を加えるなら、右のパリの通りは今日、車が増えすぎて印象がよくない。歩道の敷石が味わえるような落ち着きはなくなってしまった。それに比べれば、テムズ川べりのロンドンの印象は今もなかなかのものである。

吉田健一のいう、都市の個性の重要性や、市民の自覚の意義などは、折にふれて本書でもふれてきたが、大都会が一個人にあたえる、大都会の存在意義という、非凡な考察までは手がまわらなかった。なるほど大都市中心部の街並は、うたがいなく中小都市の街並とは異なる効果をもたらす。それが、ロンドンやパリの中心部におけるように、数百年のオーダーで変わらないものであれば、その効果は測り知れない。

銀座の歴史

東京は、大きさではともかく、歴史の長さと継続性では、パリやロンドンにはとても敵わない。しかしながら、東京でも、銀座くらいの場所になると、変転はげしいとはいえ、ある種の風格があり、大都会中心部らしい役割をそこそこ果たしている。

銀座では、最近の新築が少なくないし、今後も新築はつづくだろう。これからは一軒一軒の建物を長くもたすことがだいじなのだから、街並にぴったりの美しい建築を建てることと同様に、その美しさを長く損なわないことがだいじになる。そのためのカギは、すでに書いたように、自然の材料を使うこと、工業製品の場合もできるだけ親自然のものを選ぶことにつきる。

現在老朽化している建物を補修してもっともたすか、または建て替えるかの判断はむずかしい。古い建物が自然模倣型——といっても自然の単純な模倣ではなく、ゲーテのいう手法や様式に高められたもの——の美しさをそなえたものならば、人はその建物の保存を当然と考えるだろう。しかし、古い建物が一見平凡で、今はじめて見る人には美しくなくても、何十年も前から見つづけてきた人には美しいということはありうる。じつは銀座にはその程度の、中ぐらいの美しさのビルが多い。過去の最上の遺産とはいえないが、大戦後長く存在しつづけ、それ相応の価値はもっているというビルである。古さには、今それをはじめて見る人によって切り捨てられるのをはばむ価値があると考えるべきだろう。永井荷風は、終生、東京の変貌をなげいた人だが、昭和初期の小説「つゆのあとさき」では、作中人物を借りて、次のように彼の銀座感を明かした。

「松崎は今ではたまにしか銀座へ来る用事がないので、何といふ事もなく物珍しい心持がして、立止まるともなく尾張町の四辻に佇立《たたず》んだ。そしてあたりの光景を観望すると、いつもながら今更のやうに此の街の変革と時勢の推移とに引きつゞいて其身の過去半生の事が思返されるのである。(中略)麹町の屋敷から抱 車《かかえぐるま》で通勤した其の当時、毎日目にした銀座通と、震災後も日々に変つて行く今日の光景とを比較すると、唯夢のやうだと云ふより外はない。夢のやうだといふのは、今日の羅馬人《ローマじん》が羅馬の古都を思ふやうな深刻な心持をいふのではない。寄席の見物人が手品師の技術を見るのと同じやうな軽い賛称の意を寓するに過ぎない。西洋文明を模倣した都市の光景もこゝに至れば驚異の極《きわみ》、何となく一種の悲哀を催さしめる」。

明治四二（一九〇九）年の「帰朝者の日記」で江戸が失われたのをなげき、昭和六（一九三一）年の「つゆのあとさき」で関東大震災後の東京の変貌をなげいた——そんなものを書きつづけていた荷風は、じつは第二次大戦後の「ビル・ラッシュ」の時代まで生きた。ご苦労さまというほかはない。

荷風のもっていた心性はちっとも特殊ではないと私は思う。他の文士にも同様の感慨を語ったものはあるし、昔はよかったというだけのことなら、市井《しせい》の人が毎日のようにいっている。そうした感慨に対して、銀座生まれの池田弥三郎は異を唱えた。「作家による文明批評には、ある意味の型があって、それを年代順に配列していったら、つねに『今』は『以前』に比べて悪い時代だ、ということになるのではなかろうか。銀座に対する批評史を編んでみても、『現在』は『戦争前』よりも悪く、戦争前の昭和時代は震災前の大正時代よりも悪く、大正時代は明治時代よりも悪く、明治時代は江戸時代よりも悪い、ということになってしまう。それは、少しおかしいのではないか」（『銀座十二章』）。これはまた民族学者らしからぬ楽天的な議論だ。

なるほど利便性とか快適性とかを基準にすれば、「今」は「以前」より優っているだろう。とくに今の銀座は、大戦後の焼け野原からの復興以後、半世紀以上にわたって、なんの災害にも遇《あ》わず一直線に発展してきているから、たいていの人にとって、「今」は「以前」より便利で快適な町になっているはずだ。

しかし、荷風はそんな基準でものをいっていない。彼は江戸以来の伝統的な街並をよしとし、理屈に合わない西欧化を排撃しているのである。荷風は、当時ではとびぬけて深く西欧を理解していた人だから、右の引用のような表現になったのであって、ふつうの人なら、もっと単純に、古い江戸風景の喪失をなげいたところだろう。古い江戸風景には、日本の他地域の町とは異なる個性があったにちがいなく、その喪失はなげくに値した。

荷風と並べるのはどうかと思うが、私の基準はまたちょっとちがう。私の世代で銀座といえば、昭和二〇年代後半の、ようやく復興なったころの銀座だ。当時のロードショーは、ピカデリー劇場かスバル座か日比谷映画劇場か、さもなくば東劇かのうちの一館でしかやらないときまっていた。ロードショーの意味が今とちがい、最新最上の洋画を、どこでも見られる封切りに先がけて、銀座のある一館だけでやるのがロードショーだった。外来演奏家たちによるコンサートはすべて少し離れた日比谷公会堂で開催された。音楽会場の多い現代と大ちがいで、最高のコンサートは日比谷公会堂が独占していた。聴衆は終演後国電のガードをくぐって銀座にくり出したものだ。輸入盤を扱うレコード屋が集中していたのは銀座通りだけだった。ぶらっと行って、これは、というレコードに出会うことは銀座以外ではなかった。銀座のレストランや喫茶店は、息の長いところに特色があり、戦前からの老舗がそのころも存続していたので、よそとちがって名を知った店が多くて楽しかった。銀座にはすべてがあった。ちょうどウィーンで――ウィーンでは今も昔もだが――オペラ座を中心にした歩行範囲内でなんでもできてしまうのに似ていた。ほかがわるかったといえばそれまでだが、選択の苦労もなく、歩くだけですべての楽しみがえられるのは、一種の利便性や快適性に入るのではなかろうか。

通りに並ぶ一つ一つの建物や、そのインテリアは、今のものより粗末だったろう。当時の小店舗の復興は木造が中心で、その後のビル化以前のことである。しかし、それは、西洋へ遊びに行くことのできなかったその時代、手のとどくかぎりで最高のものだった。むしろ、のちのビル化で銀座が失ったものは少なくないと思う。当時の街並はきれいさっぱりなくなった。映画館もレストランも当時の姿のまま存続しているものなどない。ただ、当時に数倍するものが新設されてはいるが。

私の世代の基準である銀座を、吉田健一は別のところで「どこでもいい或る場所」になり下がった銀座だといっている。その吉田の基準である戦前の銀座は、荷風がなげきはじめてから久しい銀座なのである。街並が変化するかぎり、矛盾は絶えない。このような矛盾を解決する手はただ一つ、街並は単に変わらないことに価値がある、とする説を立てなくてはならない。

古い街並が残っているということは、過去から伝えられた言語が健在であることにたとえられる。すべてではなくても建物のいくつかが残っていれば、その残っている割合だけ昔の言葉がまだ通じるといってよい。しかし、そっくり新しい街並の形成は、新しい言語圏の出現にたとえられるほどの大事業だ。

ヨーロッパでも、ニュータウンはまったく新しい。古い町からニュータウンへ引越する人々は、使い慣れた言語を捨てて、未知の言語圏へ移住するようなものである。だが、それほどの大事が日本では当たり前だ。それどころか、生まれながらの都市風景のなかで一生を送った日本人など、明治以来このかた、一人もいないのではないだろうか。

日本語のなかの銀座

「われわれは日本に住んでいるのではない、日本語のなかに住んでいるのだ」とどこかで聞いたことがある。どういう文脈での言だったのか、前後関係はおぼえていないのだが、これを都合のよいように私流に解釈すれば、次のようになろう。世界中の都市はどこもかしこも似たりよったりになってしまった。日本固有の部分が、いったい日本の都市のどこかにあるのだろうか。もしあるとすれば、めったやたらに書いてある日本文字、あちこちから聞こえてくる日本語だ。あらゆる情報交換に使われるのも日本語だけ。けだし、われわれは日本に住んでいるというよりは、日本語のなかに住んでいるという方が適切なくらいだ、と。

そうであるならば、昔の銀座では昔の日本語が聞こえたはずだし、今の銀座では今の日本語が聞こえるはずだ。今昔の銀座のちがいは、銀座を語った作家たちの肉声からも聞こえてきてよい。

次に、私の選んだ今昔二例をお目にかけよう。

昔の銀座を語った随筆のなかでは、やはり荷風に敬意を表すべきであろう。明治四四（一九一一）年、荷風三十二歳のときの「銀座界隈」という随筆から。

「自分は折々天下堂の三階の屋根裏に上つて、都会の眺望を楽しむ。山崎洋服店の裁縫師でもなく、天賞堂の店員でもない吾々が、銀座界隈の鳥瞰図《ちょうかんず》を楽まうとすれば、この天下堂の梯子段を上るのが一番軽便な手段である。茲《ここ》まで高く上つて見ると、東京の市街も下に居て見るほどに汚らしくはない。十月頃の日本晴れの空の下にでも、一望尽《つく》る処《ところ》なき瓦屋根の海を見れば、矢《や》鱈《たら》に突立つてゐる電柱の丸太の浅間しさに呆れながら、兎《と》に角《かく》東京は大きな都会であるといふ事を感じ得る。

人家の屋根の上をば山手線の電車が通る。其れを越して霞ケ関、日比谷、丸の内を見晴す景色と、芝公園の森に対して品川湾の一部を眺めるのと、また眼の下の汐留の掘割《ほりわり》から引続いて、お浜御殿の深い木立と城門の白壁を望む景色とは、季節や時間の具合によつては、随分見飽きないほどに美しい事がある。

遠くの眺望から眼を転じて、直ぐ真下《まっした》の街を見下すと、銀座の表通りと並行して、幾筋かの裏町は高さの揃つた屋根と屋根との間を真直に貫き走つてゐる。どの家にも必ず付いてゐる物干台が、小さな菓子折でも並べた様に見え、干してある赤い布や並べた鉢物の緑りが、光線の軟な薄曇の昼過ぎなどには、汚れた屋根と壁との間に驚くほど鮮かな色彩を輝かす。物干台から家の中に這入るべき窓の障子が開いてゐる折には、自分は自由に二階の座敷では人が何をしてゐるかを見透す。女が肩肌抜ぎで化粧をしてゐる様やら、狭い勝手口の溝板《どぶいた》の上で行水を使つてゐるさままでを、すつかり見下して仕舞ふ事がある」。

さすがに古すぎて、私の銀座の知識ではついて行きかねるところがある。しかし、私にも昭和一〇年代半ばに銀座のデパートの屋上——そのころ、デパートの屋上は子ども用の遊園地だったから、そこに連れていかれた可能性は大きい——から下界を見下ろしたおぼろげな記憶がある。そのせいで、東京の町は上から見ると瓦がきれいだったこと、よく物干し台があったこと、上からのぞき見に無防備の家が多かったことなどは、なんとかわかる。

荷風の文章は、当時の銀座を過不足なく伝える名文で、読者は行間に銀座裏通りの息吹《いぶき》を、まるで天下堂の屋根裏にいるかのごとく嗅ぐだろう。荷風の文章は、現代文とは漢字の使い方がちがい、送りがながちがい、かなづかいがちがうが、だからこそ昔の銀座を描写してあますところがない。「日本晴れ」、「物干台」、「菓子折」、「肩肌抜ぎ」、「溝板」などは、今や死語、つまりは消滅した建築のようなものだ。若い世代が理解できなくても不思議はない。

次は荷風とは対照的に、現代の銀座を描いたエッセイである。

「高校時代の友人2人とマリオンで待ち合わせをした私は、寝ぼうしてタクシーでそこへ向かったがそれが間違っていた。運転手の人は『東京へ来て3日目なんですよ！』と言いながら、思いっ切り道をかんちがいしてくれて、私は都内の名所をぐるりと一周したとしか思えないような遠まわりコースで日比谷にたどりついた。私が方向オンチなのもいけないが、タクシーに乗って、運転手といっしょに地図を見て相談したのは生まれて初めてだった。でも、彼に悪気はなかった。降りる時、『安くします。』と言って、異様に安くしてくれたのだから。めぐり合わせが悪かったのだ。

マリオンの西武の1Fにある、無印良品のところで待ち合わせたのだが、2人はもう、無印のすべてを見つくしてしまうくらい、品物を見せると値だんが言えちゃいそうなくらい待ってしまって、ムッとしていた。私はぺこぺこあやまって、3人でお昼を食べにブラスパロットへ行った。そこも悪夢のように混んでいた。ウエイトレスも疲れて目がうつろになっていた。その後、さらに悪夢のように混んでいたのが、映画館であった。見ようと思ったすべてのものが『お立見です。』とか『今、入れば次の回にはすわれます。』の世界だった。しかしどうして、1時間後に始まる映画をロビーで待って見る気になれようか。『ブロードキャストニュース』も『太陽の帝国』も『となりのトトロ』も何でもかんでも混んでいた。途方にくれて、私たちはふらふらと西武のB館（っていうのよね、あそこ）をくまなく見てしまった。そこで、『もう仕方ない水上バスに乗ろう。』とか『バッティングセンターへ。』とか、わけのわかんない企画を考えたが『……みんなきっと混んでるよ。』とひとことだれかが言うと、暗い気分になってしまった。とりあえず、ともういちどマリオンの真ん中を抜けていったら、『ダンサー』が『座れます。』になっていたので、やった！　と言いつつ観た」。（吉本ばなな「『ダンサー』を観た日」）

銀座が変わったことは一目瞭然である。その変化は、以前の銀座を知っている人には、行間から噴きだすように感じられるだろう。現代の人気作家、吉本ばなな（一九六四―）が、自ら「私のエッセイは『プロフェッショナル』じゃないなあ」という、エッセイ――随筆とはいってない――から採った。マリオン（一九八四年）ができてからのものだから、荷風の銀座から七十年余が経っている。彼女はまだ二十代だったはずだ。これは、若い読者には読みやすいだろうが、年寄りには目まいがするほどの新しい文章だ。

「『お立見です。』とか『今、入れば次の回にはすわれます。』の世界だった」では、映画館の掲示の文句も新しいし、「とか」や「の世界」も、昔は見なかった用法である。「異様に安くしてくれた」の「異様に」や、女の子が「ムッとしていた」の「ムッと」（今は「むかつく」がふつうか）も、かつてはこうは使わなかった。「B館って」とか「やった！」は話し言葉でもまれだった。長いカタカナ語、1Fなどの算用数字が混ざるのは正しい文章ではなかった。

年輩者は、このエッセイのなかに、昔はなかった新建築や今様のストリート・ファーニチャーを次々に発見してとまどうのだ。新語がなぜよくないかをていねいに説明する人がいるが、あまり意味がないと思う。私にもおぼえがあるが、人は言葉を学んだ成長期に存在しなかった新語には抵抗をもつ。新語がわるいとしたら、それだけのことかもしれないのだ。

街並と言語

ある町に住むとは、ある言語を使うということに近い意味をもっている、と私は思う。人間にとって、街並と言語とは、心の深層において通底した構造をなしている。街並も言語も、ちょっと考える以上に、人間に似たような役割を果たす。

第一に、街並も言語も、過去からつづいて長く人の身のまわりに圧倒的存在としてありつづけるものであるところが共通している。人の移動が困難だった昔は、どの言語圏のどの町に生まれたかによって、人の運命はきまったといっていいくらいだった。街並も言語も、他をもって代えがたいものとして、人を支配した。

言語は今日でも相変わらず支配的である。言語には子どものときに習得しなければどうしようもないという特質があり、成長期を過ぎてから接した新しい言語はどんなにがんばっても母国語並みにはならない。かりに、中年までは不十分な外国語一本で暮らしたとしても、年をとると母国語に回帰する傾向がある。

それに対して、引越しや移住が容易になった今日、一方で世界中の町が似たりよったりになった今日、街並の支配性は薄らいだように見える。しかし、現実によその国や遠方の地へ移り住むのは、そうせざるをえない少数派であって、より多くの人が、故郷の町か、その近くにとどまる事実はうたがいようがない。なるほど各人の故郷は、世界のどこにでもあるようなつまらないものになったろうが、だからといって、故郷が人をしばる力は落ちてはいない。若いときは他国や遠地で暮らしても、人はたいてい故郷へ、故郷がなくなっているときにはその代用地へもどってくる。

言語と同様に街並についても、人は年をとればとるほど過去に執着し、新しいものに順応しなくなる。程度の差はあっても、年齢とともに適応不能になる点は同じである。街並も言語も、成長期までに接したものが圧倒的存在である点はゆるがないといってよい。

第二に、街並も言語も、われわれの生活の基準――街並の場合は基調という方がふさわしいが――となるものであるところが共通している。

言語が基準になるのは当然としても、街並のようなあいまいなものを生活の基準というのは大げさだと見る向きもあろう。しかし、言語だって、ことのだいたいのところを伝える道具にすぎず、情報伝達の手段としてはけっこうあいまいなものだ。世の中には言語で説明できないことが多いし、言語の行きちがいに至っては数かぎりない。しかし、それでも、われわれはなにを語るにしろ、目の前にある言語を使う以外の方法をもたない。わが町だって理想の姿からは程遠いだろうが、不足があってもそこを基調として生活するしかないのである。

どんな未来の話をするときも、われわれは過去製の言語を使う。その基準が確かであるかぎり、すなわち言語が正しく使われているかぎり、だいたいのところは理解できる。過去製の言語だからこそ、年齢にかかわらない情報交換が可能になるのである。余談めくが、コンピューターが老人にむずかしい理由の一つは、コンピューターの周辺で使われる言語は、国語ができない若者がつくったものだからである。画面に表示される言葉や文章が、過去の言語の常識からはずれている。たとえば「このプログラムは不正な処理を行ったので強制終了されます」なんてひどい。不正な処理を行ったのは使用者ではないのだから、こんなもののいい方はないだろう。基準がしっかりしていないコンピューター言語は各世代に共通の言葉たりえない。

街並についても、基準―基調がしっかりきまっていれば、われわれは安心してその町に住んでいられる。その基調に不変性とユニークネスさえあれば、ほかに多くは望まなくてもよい。わが町の基調を背景として、ある日、なにかの前衛芸術――たとえば聴衆の面前で芸術家が電子音楽に乗って声高に叫びつつ極彩色の絵を描くというようなパフォーマンス――が出現しても、ちっともおどろくには当らない。それはやがて消滅して元の町にもどるからだ。しかし、街並そのものが激変したり、前衛化したりすると、基調が基調の役割を果たせなくなる。

第三に、街並も言語も、その役割から見て、どちらも本来できるだけ変わってほしくないものであるところが、一方で不可避的に変化せざるをえないものでもあるところが共通している。

ヨーロッパの言語は、おしなべて中世から今日に至るまであまり変わっていない。英語は比較的変化が多いように思えるが、それは米語が力をもったこと、テレビで世界中の珍妙な英語を聞かされることなどのせいで、イギリス英語にはさほどの動きはない。そうしたなかで、日本語がなぜ変わりやすいかについては、その方の専門家にまかせるとして、ここでは日本語の変わりやすさと日本の町の変わりやすさとは好一対だとだけいっておこう。

戦争直後の一時期、小説の神様といわれたほどの志賀直哉が、わが国は日本語をやめて、フランス語を国語に採用してはどうかと主張した。うそのようなほんとうの話である。現実に今、日本では職業生活を英語中心にやっている人が少なくない。なかには、日本語なんかくそくらえ、と思っている人もいるだろう。また、この国にはカナ文字論者とかローマ字主義者とかいう人たちが根強く存在するのも事実である。そうした人たちの主義主張はさまざまだが、いずれにしても日本語を変えたがっている勢力としてひとまとめにしてみると、無視できない程度にはなりそうだ。極端な日本語改革は難事業で簡単にはすすまないが、言葉の選び方、漢字の使い方、送りがな、かなづかいなどはじわじわと、しかし結果としてはラディカルに変わっている。

建築家による街並の西欧化すなわち街並改革は、大都市の中心部ではいち早くなしとげられ、今は二順目、三順目の建て替えにすすんでいる。街並の変わり方は、だれもが感心するほどに激しい。本書で述べてきたように、街並は変わらないことに大きな意味があるのだが、街並を変えたい勢力は、政治家、企業家、都市計画屋、土木屋、建築屋などを集めると、相当な数に達する。これだけの勢力があれば、街並がくるくる変化するのも無理はない。街並に比べれば、言語の変化はおとなしいくらいだろう。

人の心の奥深くに構造化されるという意味で、言語の重要性は論を待たないが、同じ意味で、街並も等しく重要であるということはもっと理解されていい。

街並と本屋の書棚は同じ仲間

言語には話し言葉と書き言葉があるが、そのうちの書き言葉は、街並に共通したものがあるにとどまらず、街並の一部にもなっている。商店街はもちろん、住宅街にも文字情報は少なくない。書き言葉の集積物として挙げるべきものは、やはりなによりも書籍、雑誌であろう。「街並は本屋の書棚に似ている」と唱えて出発した本書だが、じっさい街並には、本や雑誌の棚のように書き言葉があふれている。その意味では、街並は、とくに商店街は、本屋の書棚に似ているどころではない。

街並と本屋の書棚は同じ仲間、極端にいえば同じ穴のむじなである。両者は、同一文化圏内に存する一対の分かちがたい物的対象、書き言葉のあしらい方から見て、同根の文化から発したが、異なる形をとって現れた物的対象なのだ。ただし、この二つだけに特別な因果関係があるといってはいいすぎであろう。こんな比較は文化のさまざまな局面で可能なはずで、ふつうはあまり興味をもたれないところだが、本書では街並と本屋の書棚の比較から話がふくらんだ。

手もとにあるロンドンの古書店サザランのカタログに、一つの書棚の写真（図37）が載っているが、これなど、私にはほとんどロンドンの古い街衢《がいく》そのものに見える。この本たちの古めか

図37　ロンドンの古本屋の書棚

しさ、貫禄、重み、落ち着き、暗さなどは、どこをとっても一九世紀から生き残ったヴィクトリア時代の建築の建ち並ぶ街路の雰囲気に通じる。改めて感心するまでもない当たり前のことではあるのだが。

　由緒ある古本屋とちがって、現今の新刊本屋では、本の回転がおそろしく速い。三カ月前に出版された本でも、売れ筋のものでないかぎり、おいてない。まして三年前、五年前のものとなると、ないのがふつうである。その点がまた、現代の商店街と同根の現象だ。商店も現れたかと思うと消えて行く。

　古い本に価値があることは常識である。私がいう古い本とは、古典、ならびに古典ほどでなくとも新刊書のおよばない内容をもった本のことである。同様に、街並においても、古い建築物には侵しがたい価値がある。古い建築物を残すことの重要さに人はもっと気がついていい。

　エゴン・シーレには、まるで書棚を描いたと見まちがえそうな建物の絵がある（図38）。一九

図38　シーレの「家の壁」

一四年のもので、当時なら、シーレの行動範囲であるウィーンやウィーンの郊外にいくらでもあったタイプの家だ。今でもたまには行き当たろう。画面からはみだすほど近くから眺めているから、白壁と窓と屋根瓦しか入ってない絵だが、私がいいたいのは、瓦の配列が書棚のように見える点である。白くて広い壁は、よくあるようにゆがんでいる。不等間隔に並んだ窓は、寒い土地らしく二重ガラス窓だ。壁や窓のもつ雰囲気をリアルに伝えている画家が、屋根だけデフォルメするなどありそうもない。ウィーンの郊外には、こんな風に見える屋根瓦は今でも残っている。

街並は書棚に似ている、というのは比喩だが、この絵の屋根が本棚に似ているというのは比喩以上である。そっくりだと思う。じっと眺めていると場面は反転し、われわれが室内にいて、低い本棚ごしに窓の方を向いているのだという錯覚におちいる。そこに並んでいるのは、あまり上等な本たちには見えない。版形のそろった廉価《れんか》本の類だろうが、古いことだけはまちがいない。この家は、貧しくとも古い本をたくさんもった芸術家の家――それ以外のものに見立てることはむずかしくなる。

不思議な絵だ。われわれは、屋根の部分を書棚に反転させることによって、一つの建築物の外観だけでなく内部を知ることができる。その結果、この古めかしい建築物の侵しがたい価値をうたがえなくなるのだ。

百歳の街並を

最後にこれからの日本の街並のあり方に一言。

最近まで、この国の建築文化は、古くなった建物を簡単にこわしては新築することに何のうたがいももたなかった。しかし、今、そのような文化のあり方は変換を迫られている。古いビルの早すぎる建て替えは二重の意味――ビル一個分の資源の浪費と、ビル一個分の粗大ゴミの発生という――で批判される。事情は木造住宅でも変わらない。もともと建築は、補修さえていねいに行えば、鉄筋コンクリート構造でも木造でも、世間一般の常識以上に長くもつものなのだ。現実に生き長らえている古い建築を見れば、いかに当初の技術が古かろうと、中世の石造建築といい、江戸時代の和風住宅といい、いつくしむようにだいじにされてきたものどもは、ちゃんともっている。もつかもたないかの問題ではなく、もたそうとする心性があるかないかの問題だというべきである。

歴史的建築物の保存だけをいう時代は過ぎた。今はあらゆる建築物を長く使おうという時代だ。現存する建築物は、もちろん玉石混淆《ぎょくせきこんこう》である。しかし、原則的には、いいわるいにかかわらず長く使っていかなくてはならない。古いものがどうにも使えなくなれば建て替えるしかなかろう。しかし、まだ使えるものをこわしての新築は、だれからもやむをえないと認められてはじめて許されるくらいであっていい。

都市の街並の平均年齢はいつかは百歳に達することを目標にすべきだろう。現在は、今井のようなまれな例を除けば、百歳の街並はほとんど皆無だが、もしかしたら、建築を長くもたす文化が根づくことにより、今世紀の後半にはふつうの街並でも百歳が実現するかもしれない。一方、これから建てる新建築は寿命が百歳ではまだ物足りないくらいだ。もっと長寿命を目標にしてよい。その際、できたての美しさと同時に、その美しさの経年変化にも思い至るべきであろう。

百歳という数字に意味があるのは、人間の寿命も今や百歳がめずらしくないからである。百歳の街並とは、八十代、九十代の高齢者たちが完全に適応できる街並だ。通りは彼らが物心ついたとき以来のようすがで満たされているはずである。日本の社会のなかに古い街並をつくることは、高齢者の増えるこれからの時代に真にふさわしい、そして高齢者に対する一つのもっとも自然な処方だといっていい。

街並の古さを本書では「街並の年齢」と称して話をすすめてきたが、それを「街並の年輪」といいかえると意味はもっと明快になるだろう。年齢という言葉にはマイナス面も含まれるが、年輪には、年とともに深まる経験とか人間味とかのように、プラスの意味ばかりが目立つからだ。

あとがき

私のヨーロッパ旅行は、三十代半ばにイギリスに留学したとき以来の習慣になっているが、長いあいだに関心のあり様は少しずつ変わっている。はじめは、大聖堂の凍てついた石組みに震えを覚えるほどだったが、いつか慣れっこになってしまった。イギリスのカントリー・ハウスの立派さに飽きるのは早かった。城塞もなるほど立派ではあるが、ライン川沿いにおけるように数がありすぎると降参する。それらに比べて、中世の街並は、はじめから興味を惹かれただけでなく、今に至っても、見れば見るほど、味わえば味わうほどおもしろい。

理屈をつけてみれば、大聖堂にはキリスト教の歴史という障壁がある。カントリー・ハウスはイギリスの貴族社会がわからないと理解しにくい。城塞はヨーロッパ全域にわたる民俗闘争に通じていないとピンとこない。ところが、街並には、日本から出かけて行った格別の予備知識のない人間にも、直ちにわかる普遍的な美しさがある。一つ一つの家屋にはいうほどの個性はないが、いや個性がないからこそ、通りの全景は強く訴える。そこがこたえられない。専門が光や色など建築のヴィジュアルな局面を扱うのだから、私が西洋の町の美しさの解明を試みることはさほど無謀ではなかろう、などという魂胆ももちはじめ、しばらくは一人でいい町を求めて歩きまわっていた。そのうち協力者たちができてきて、一九九七年から一九九九年にかけては、日欧街並色彩研究グループと称する私的調査団を結成し、調査は格段にすすんだ。そのころは、国内の街並の調査にも精を出した。

本書は、こうして集められた素材をちりばめて、一つのストーリーにつくり上げたものである。内容はもちろん一種の街並論であり、著者としては自信のもてるレベルに達したと思っているが、その成否は読者の判断に委ねるほかはない。一方、本書には、その成立過程からいって、くせのある旅行案内書――とくにヨーロッパの――というもう一つの面がありそうだ。索引を地名と人名にかぎったのは、その辺に対する配慮の結果である。ただし、話の運びの都合で、本書に取り上げた町の数はごくかぎられていることをお断りしなくてはならない。

大勢の方々のお世話になったが、調査時の写真撮影から画像処理にいたるまで、終始、中心的役割を果してくれたのは、東京電力技術開発研究所の中山和美さんと、筑波大学芸術学系の山本早里さんである。武蔵工業大学の卒論や修論にかかわった、当時から現在にいたる学生たちにも多くを負っている。

ポリフォニーについては、中世音楽合唱団の練習場を訪ね、ポリフォニーの形のできてゆくさまを耳にするとともに、指揮を終えた皆川達夫氏のご教示をえた。最後は、図版を整えるのに、いつもながら武蔵工業大学の小林茂雄氏の手を借りた。そして、論創社の鈴木武道氏の編集作業がまことに手際よかった。

記してすべての関係者に御礼申し上げる。

二〇〇三年一二月

著　者

参考文献

乾正雄「街並は書棚に似ている」建築雑誌 No.1298, 1990
小澤弘、丸山伸彦編『図説 江戸図屏風をよむ』河出書房新社 1993
『大江戸八百八町』東京都江戸東京博物館 2003
芳賀徹、岡部昌幸『写真で見る江戸東京』新潮社 1992
松本四郎『東京の歴史』岩波ジュニア新書 1988
アレクサンダー・F・V・ヒューブナー著 市川慎一、松本雅弘訳『オーストリア外交官の明治維新 世界周遊記〈日本篇〉』新人物往来社 1988
ヒュー・コータッツィ著 中須賀哲朗訳『ある英国外交官の明治維新 ミットフォードの回想』中央公論社 1986
ヒュー・コータッツィ著 中須賀哲朗訳『維新の港の英人たち』中央公論社 1988
オールコック著 山口光朔訳『大君の都 幕末日本滞在記上』岩波文庫 1962
永井荷風「帰朝者の日記」明治文学全集73永井荷風集 筑摩書房 1969
寺田寅彦「銀座アルプス」寺田寅彦全集第七巻 岩波書店 1961
寺田寅彦「カメラをさげて」寺田寅彦全集第五巻 岩波書店 1961
寺田寅彦「LIBER STUDIORUM」寺田寅彦全集第五巻 岩波書店 1961
初田亨『東京 都市の明治』筑摩書房 1981
藤森照信『明治の東京計画』岩波書店 1982
田邊淳吉「東京市區改正建築の状態と建築常識」建築雑誌第二百七十二号 1909
エドワード・サイデンステッカー著 安西徹雄訳『立ちあがる東京〈廃墟、復興、そして喧騒の都市

へ〉』早川書房　1992
エドワード・サイデンステッカー著　安西徹雄訳『東京下町山の手1867-1923』ティビーエス・ブリタニカ　1986
陣内秀信『東京の空間人類学』筑摩書房　1985
小林信彦『昭和の東京、平成の東京』筑摩書房　2002
上田浩二『ウィーン「よそもの」がつくった都市』ちくま新書　1997
Felix Czeike & Walther Brauneis, "Wien und Umgebung", Du Mont（Köln）1977
Magistrat der Stadt Wien編 "Architektur in Wien", Geschäftsgruppe Stadtentwicklung & Stadterneuerung（Wien）1984
ネルヴァル著　野崎歓、橋本綱訳「東方紀行」ネルヴァル全集Ⅲ　筑摩書房　1998
カール・E・ショースキー著　安井琢磨訳『世紀末ウィーン』岩波書店　1983
ヘルマン・バール著　須永恒雄訳「リング通り」、池内紀編　ドイツの世紀末第一巻『ウィーン―聖なる春』国書刊行会　1986
グレアム・グリーン著　小津二郎訳「第三の男」グレアム・グリーン全集11　早川書房　1979
十方庵敬順『遊歴雑記初編 1』東洋文庫　平凡社　1989
川越市教育委員会編集『蔵造りの町並』川越市文化財保護協会　復刻版1993
Ministerie van Nederlandse Cultuur, "Inventaris van het Culturbezit", Architectuur deel 4na, Stad Gent, Brepols 1991
Christiane Krejs, "Die Fassaden der Bürgerhäuser", Bauformen der Salzburger Altstadt, Band 2, Landesinnung der Baugewerbe（Salzburg）1994
Bundesdenkmalamt, "Die Kunstdenkmäler Österreichs, Salzburg Stadt und Land" Dehio-Handbuch, Anton

Schroll & Co.（Wien）1986
Bundesdenkmalamt, “Die Kunstdenkmäler Österreichs, Wien II.bis IX.und XX.Bezirk” Dehio-Handbuch, Anton Schroll & Co.（Wien）1993
吉田秀和「机とペン」、吉田秀和『二度目のニューヨーク』口絵頁　読売新聞社　1989
李御寧『「縮み」志向の日本人』講談社文庫　1984
大西國太郎『都市美の京都　保存・再生の論理』鹿島出版会　1992
丸谷才一・山崎正和対談「日本人の見立て好き黒衣好き」、丸谷才一、山崎正和『半日の客　一夜の友』文藝春秋　1995
松永有慶『密教・コスモスとマンダラ』ＮＨＫブックス　1985
Martin Brauen, translated by Martin Wilson, “The Mandala: Sacred Circle in Tibetan Buddhism”, Shambhala（Boston）1997
白河静『文字逍遙』平凡社　1987
Ernst Eichhorn, Georg Wolfgang Schramm & Otto Peter Goerl, “3x Nürnberg”, 3. Auflage, Verlag A. Hofmann（Nürnberg）1995
Karl Wilhelm Schmitt編 “Architektur in Baden-Württemberg nach 1945”, Deutsche Verlags-Anstalt（Stuttgart）1990
ジョルジュ・ロデンバック著　田辺保訳「死都ブリュージュ」フランス世紀末文学叢書８　国書刊行会　1984
ゲーテ著　小岸昭、芦津丈夫、岩崎英二郎、関楠生訳「箴言と省察」、「自然の単純な模倣、手法、様式」ゲーテ全集13　潮出版社　1980
町田甲一『大和古寺巡礼』講談社学術文庫　1989

皆川達夫『中世・ルネサンスの音楽』講談社現代新書　1977
D・J・グラウト、C・V・パリスカ著　戸口幸策、津上英輔、寺西基之訳『新西洋音楽史上』音楽之友社　1998
アンデルセン著　森鷗外訳『即興詩人上巻』岩波文庫　1928
ゲオルグ・ショルティ著　木村博江訳『ショルティ自伝』草思社　1998
ピエール・ブーレーズ著　笠羽映子訳『クレーの絵と音楽』筑摩書房　1994
公共の色彩を考える会編『公共の色彩を考える』増補新装版　青娥書房　1996
松浦邦男「青い瓦と景観」宝塚造形芸術大学紀要No.12　1998
吉田健一「定本落日抄」吉田健一集成5　新潮社　1994
吉田健一「甘酸つぱい味」吉田健一集成6　新潮社　1994
永井荷風「つゆのあとさき」荷風全集第十六巻　岩波書店　1994
池田弥三郎『銀座十二章』朝日文庫　1996
永井荷風「銀座界隈」荷風全集第七巻　岩波書店　1992
吉本ばなな「『ダンサー』を観た日」、吉本ばなな『パイナップリン』角川文庫　1992

主要人名・地名索引

（＊がついている頁はタイトルで載っている項目）

乾　正雄（いぬい・まさお）
1934年生まれ。東京大学工学部建築学科卒業。現在、宝塚造形芸術大学教授。東京工業大学名誉教授。工学博士。著書『建築の色彩設計』（鹿島出版会）、『証明と視環境』（理工図書）、『やわらかい環境論』（海鳴社）、『夜は暗くてはいけないか』（朝日新聞社）など。

街並の年齢
――中世の町は美しい

二〇〇四年二月五日　初版第一刷発行
二〇〇七年九月三〇日　初版第二刷発行
著　者　乾　正雄
発行者　森下紀夫
発行所　論　創　社
東京都千代田区神田神保町二―二三　北井ビル
電　話　〇三（三二六四）五二五四
ＦＡＸ　〇三（三二六四）五二三二
振替口座　〇〇一六〇―一―一五五二六六
http://www.ronso.co.jp/
装　幀　宗利　淳一
印刷・製本　中央精版印刷
 ISBN4-8460-0544-5